成渝地区双城经济圈

资源环境与经济协调发展研究

刘登娟◎著

U0384376

项目策划：徐　凯
责任编辑：徐　凯
责任校对：毛张琳
封面设计：墨创文化
责任印制：王　炜

图书在版编目（CIP）数据

成渝地区双城经济圈资源环境与经济协调发展研究 / 刘登娟著. — 2版. — 成都 : 四川大学出版社, 2021.9
ISBN 978-7-5690-4135-4

Ⅰ. ①成… Ⅱ. ①刘… Ⅲ. ①自然资源－环境资源－关系－经济协调－协调发展－研究－成都②自然资源－环境资源－关系－经济协调－协调发展－研究－重庆 Ⅳ. ① X372.711 ② X372.719 ③ F127.711 ④ F127.719

中国版本图书馆 CIP 数据核字（2021）第 000736 号

书名　成渝地区双城经济圈资源环境与经济协调发展研究

著　　者　刘登娟
出　　版　四川大学出版社
地　　址　成都市一环路南一段 24 号（610065）
发　　行　四川大学出版社
书　　号　ISBN 978-7-5690-4135-4
印前制作　四川胜翔数码印务设计有限公司
印　　刷　成都金龙印务有限责任公司
成品尺寸　170mm×240mm
印　　张　14.25
字　　数　232 千字
版　　次　2021 年 9 月第 2 版
印　　次　2021 年 9 月第 1 次印刷
定　　价　64.00 元

版权所有 ◆ 侵权必究

◆ 读者邮购本书，请与本社发行科联系。
电话：(028)85408408/(028)85401670/
(028)86408023　邮政编码：610065
◆ 本社图书如有印装质量问题，请寄回出版社调换。
◆ 网址：http://press.scu.edu.cn

四川大学出版社
微信公众号

前　言

推动长江经济带发展的纲领性文件《长江经济带发展规划纲要》科学界定了长江经济带建设坚持生态优先、绿色发展战略定位。2011年，经国务院批复，国家发展改革委员会印发《成渝经济区区域规则》。2016年国家正式批复成立成渝地区，成渝地区建设被提升到国家战略舞台的高度。2020年1月，中央财经委员会召开第六次会议，研究推动成渝地区双城经济圈建设，在西部形成高质量发展的重要增长极；2020年10月，中共中央政治局召开会议，审议《成渝地区双城经济圈建设规划纲要》，打造带动全国高质量发展的重要增长极和新的动力源。成渝地区双城经济圈地处长江经济带上游地区，既是“引领西部开发开放”的重要平台和长江经济带的战略支撑，又是全国“两横三纵”城市化战略格局的重要示范区，还是国家“两屏三带”生态安全屏障的重点区域，承担着建设“西部地区国家级增长极”和“长江上游生态安全保障区”的重要国家战略任务。成渝地区既面临资源约束趋紧、环境污染严重、生态系统退化的严峻形势，事关整个长江经济带乃至全国的生态安全，又面临经济建设和社会发展的新的历史使命。推进成渝地区资源环境与经济协调发展，是关系到成渝地区经济建设和生态保护双重国家战略能否实现的重要命题。

前人对资源环境与经济协调发展的研究成果丰硕。国内外学者对资源环境与经济协调发展的内涵、评价指标体系、协调度评价模型、协调发展度评价模型进行了大量的理论探索，并对全国、不同类型区、省、市、县展开了实证分析。前人主要是依据区域特点建立资源环境指标体系和经济发展指标体系，使用主观或客观的方法给各个指标赋权值，建立评价资源环境与经济协调度模型和协调发展度模型，诊断不同区域资源环境与经济协调发展状况。

本书在充分借鉴前人研究的基础上，运用生态学、区域经济学、环境经济学、生态经济学、产业经济学、制度经济学、管理学等多学科理论，以成渝地区为重点研究对象，以“协调发展”为主线，运用定性分析与定量分析相结合的研究方法，采用“总论—分述”的结构，共分为七章展开。导论、第一章和第二章为总论部分，围绕“什么是协调发展”，阐述资源环境与经济协调发展的内涵、理论基础及其相互作用机理。分论部分包括第三章、四章、五章、六章、七章，第三、四章围绕“是否协调发展”，诊断成渝地区资源环境质量和经济发展水平，并从时间序列维度和空间分异维度研判成渝地区资源环境与经济协调发展状况；第五章、六章、七章围绕“如何协调发展”，深入到成渝地区经济系统和资源环境系统内部，一方面探究成渝地区生产和消费的环境效应，提出经济发展优化环境保护对策；另一方面探索成渝地区环境保护、生态修复、资源节约的问题与任务，提出成渝地区资源节约和环境保护对策。

本书在参考前人研究成果的基础上，在以下五方面有一定的创新：

一是丰富了资源环境与经济协调发展的基本内涵。资源环境与经济协调发展包括三层含义：第一，经济系统遵循生产、流通、分配、消费的经济运行规律，资源环境系统遵循资源、生态、环境共生规律，实现经济质量的提高和环境质量的改善；第二，资源环境系统与经济系统遵循“互为底线”原则，即经济效益的增长不超出环境承载阈值和环境保护不影响经济系统的基本运行；第三，资源环境系统与经济系统遵循“互为优化”原则，即资源环境与经济发展程度和协调程度均实现优化发展，资源环境经济大系统综合效益增大。

二是构建了符合成渝地区区情的环境与经济协调发展评价指标体系和评价模型。本书在收集、整理、分析、系统梳理资源环境与经济协调发展评价指标体系和评价模型的基础上，结合成渝地区资源环境与经济发展的区域特色、统计指标的一致性、统计数据的可获得性等影响因素，设计和优化了成渝地区资源环境与经济协调发展评价指标体系和评价模型。

三是从时间演进和空间分异的维度实证分析 2003—2014 年成渝地

区资源环境与经济协调度和协调发展度基本特征。本书运用成渝地区近十年时间序列数据和截面数据对成渝地区资源环境与经济协调发展状态进行整体性评价、动态性评价、内部区域差异性评价，科学研判成渝地区资源环境与经济协调发展的演变轨迹、动态演化规律、区域发展差异性问题和共性问题。

四是诊断成渝地区生产和消费中突出的资源环境问题及其成因。本书深入分析了成渝地区产业规模和结构的环境效应，找到“两高”工业行业的污染来源和主要成因，并提出减少污染排放的产业转型升级对策；本书将成渝地区能源、土地、水资源消费与长江三角洲地区、珠江三角洲地区、环渤海地区进行比较，得出成渝地区资源消耗的基本特征并提出能源、土地、水资源集约节约利用对策。

五是为成渝地区资源环境与经济协调发展提出系统化、具体化、差异化的对策建议。本书梳理了我国环境保护历程、现状与问题，分析了成渝地区环境保护的问题、目标与任务，并在借鉴瑞典环境保护先进经验的基础上，提出加强成渝地区环境保护的制度设计。

本书参考并引用了众多专家学者的科学研究成果，在此向相关作者表示衷心的感谢。本书可能仍存在疏漏、不足之处，敬表读者批评指正。

刘登娟

2021 年 8 月

目　录

导 论

第一节 选题背景和研究意义

一、选题背景

(一) 成渝地区同时承担着“带动全国高质量发展重要增长极”和“长江上游生态安全的保障区”的重要国家战略任务

2011 年 5 月,《成渝经济区区域规划》出台。该规划把成渝经济区发展的战略定位概括为“三区一中心一基地”,即西部地区重要的经济中心、全国重要的现代生产基地、深化内陆开放的试验区、统筹城乡发展的示范区、长江上游生态安全的保障区。2016 年《成渝地区规划》出台。成渝地区的发展定位是引领西部开发开放的国家级城市群,重点在全国重要的现代产业基地、西部创新驱动先导区、内陆开放型经济战略高地、统筹城乡发展示范区、美丽中国的先行区实现突破。2020 年 10 月,《成渝地区双城经济圈建设规划纲要》提出使成渝地区成为具有全国影响力的重要经济中心、科技创新中心、改革开放新高地、高品质生活宜居地,打造带动全国高质量发展的重要增长极和新的动力源。

一方面,成渝地区面临着大力发展经济,增强经济社会发展的集聚力和辐射力,承担着成为全国重要的经济中心、沿长江经济带重要经济区，继长三角、珠三角、环渤海之后全国重要的经济增长级的重任。成渝地区经济社会发展不仅是一个区域发展问题，更是事关国家和民族发展的国家战略实现问题，经济建设是成渝地区的第一要务，是实现自身区域发展和带动西部地区、沿长江经济带乃至全国发展的重要引擎。

另一方面，成渝地区位于长江上游地区，是国家“两屏三带”生态格局的重要区域之一，其特殊的地质地理、气候环境为植被的发育提供了优越的条件，是防止长江全流域水土流失、中下游泥沙淤积的生态屏障，是保护长江全流域生物多样性的生态屏障，是长江流域气候安全的生态屏障，是生态产品供给的大后方，对维系长江流域生态平衡起着至关重要的作用。成渝地区独特的生态区位条件赋予其更多的生态义务，承担着构建长江上游生态屏障、保障长江上游生态安全的重要责任，其生态环境保护不仅是成渝地区经济社会发展的条件与基础，更事关整个长江流域乃至全中国的经济社会环境可持续发展。

因此，成渝地区同时承担着建设“全国重要的经济中心”和“长江上游生态安全的保障区”两个重要的国家战略任务。如何同时加强经济建设和生态环境保护，统筹生态建设、环境保护、资源利用与经济社会发展，在经济建设中保护环境，在保护环境中加强经济建设，成为当前成渝地区必须努力完成的重要的国家战略任务。

（二）成渝地区环境与经济协调发展是实现区域可持续发展的重要内容

可持续发展是指既满足当代人的需要，又不损害后代人满足需要的能力的发展。[①] 可持续发展表现为经济持续增长、社会持续进步、资源持续利用、生态环境持续改善和全球持续发展，其发展目标是实现经济、社会与资源、环境的协调发展。[②] 在可持续发展研究中，环境保护与经济发展问题是可持续发展的重要方面和重要组成部分。随着全球经济发展和工业化进程的加速，人类对资源的掠夺已跨出区域和国家的界限，环境问题也成为全球共同面临和解决的问题。1992 年，全球 180

① 邓宏兵，张毅．人口、资源与环境经济学［M］．北京：科学出版社，2006：167.
② 邓宏兵，张毅．人口、资源与环境经济学［M］．北京：科学出版社，2006：170－174.

多个国家和地区的代表参加了联合国环境与发展大会，共同探讨、协商和携手解决发展进程中的资源耗减、环境污染、生态退化问题，会议达成多项共识，通过并签署了《里约热内卢宣言》《21 世纪行动议程》《气候变化框架公约》《保护生物多样性公约》等多个文件。发达国家在处理环境与发展问题上，走的是“先污染后治理”“边污染边治理”的路子，并付出了沉重的代价。中国在处理环境与发展问题时，应吸取发达国家的教训，不能再走“重发展”“轻保护”的老路，而应走出一条“经济发展与环境保护并重”“经济发展与环境保护同时”的道路，中国的不同区域更应结合区域经济发展、生态本底和环境质量实际情况，走出一条具有区域特色的环境与经济协调发展道路。

成渝地区生态环境建设不仅可以保障长江流域生态系统的良性循环和动态平衡，更能为成渝地区的发展提供物质基础，支撑成渝地区的可持续发展；同时，成渝地区的发展又能为生态环境保护和修复提供保障。两大系统相辅相成，互相促进，但是两大系统又相互抑制。如果经济的发展是在大量消耗资源和严重污染环境的前提下实现的，那么生态系统的动态平衡也会被人类的不恰当行为破坏，生态安全的破坏反过来又会抑制成渝地区的发展。因此，既要保证生态安全，又要确保成渝地区又好又快发展是我们不得不面临和解决的问题。协调成渝地区发展和生态环境建设，保障成渝地区发展对资源的需求和对环境的污染是在长江上游生态环境承载力范围之内，促进区域可持续发展、深入实施科学发展观、大力推进生态文明建设的重要途径。

（三）成渝地区环境与经济协调发展具有现实紧迫性

中华人民共和国成立以来，成渝地区人口急剧膨胀，大肆掠夺开采资源，生产力布局不合理，高消耗、高污染、高排放、低效益的生产方式严重破坏了自然生态系统的正常物质能量循环。川南地区的泸州、自贡、宜宾等沿江城市重化工特征明显，化工、造纸、火电、建材、纺织、冶金等行业成为主要工业污染源；成渝地区水环境污染日益严重，沱江全流域、岷江、嘉陵江支流涪江、渠江等多条河段水质不达标，部分水体失去水域功能；成渝地区大气污染严重，大面积是酸雨控制区和二氧化硫控制区，重庆主城区、四川省的成都、绵阳、自贡、泸州、乐山、宜宾等13个市为国家级两控区，大气环境质量亟待提高；同时，成渝地区生态环境极其脆弱，由于过度放牧、乱砍滥伐、毁林开荒，长江上游大部分天然林遭到破坏，水源涵养、防风固沙、生物多样性保护等重要生态功能受到极大影响，土地荒漠化、草场退化现象十分严重，三峡库区成为全国水土流失最严重的地区之一，并且，三峡库区产业空心化现象普遍，经济发展落后，地方财政收入有限，难以维持生态环境建设的投入。

当前，随着成渝地区工业化、城镇化的加速推进，新一轮发展浪潮将消耗更多资源并由此产生更多污染物。如果沿袭过去的粗放型发展方式和不可持续的消费模式大量消耗资源，肆意破坏生态环境，长江上游生态安全目标将无法实现，环境恶化将进一步阻止经济发展，成渝地区将陷入生态环境恶化—经济发展缓慢的恶性循环。

因此，在脆弱的长江上游生态环境面前，成渝地区面临经济发展和生态环境建设的双重目标，只有两大系统协调发展，使两个子系统内部各要素间按一定数量和结构所组成的有机整体配合得当、有效运转，才是解决现实问题的有效途径。

二、研究意义

（一）研究成渝地区环境与经济协调发展问题，对促进生态经济学学科建设有着重要的理论意义

首先，本书的研究对象符合生态经济学研究范畴。生态经济学是研究生态系统和经济系统构成的复合系统的结构、功能及其运动规律的学科。[①] 本书研究成渝地区环境与经济协调发展问题，没有将成渝地区生态环境系统和经济社会系统割裂开来研究，而是研究两个系统的相互作用机理及其关系，也就是对由成渝地区生态环境系统和经济系统构成的复合环境经济系统的要素、结构、功能、机制等的研究，旨在促使社会经济在生态平衡的基础上实现协调、可持续发展。

---

① 沈满洪. 生态经济学［M］. 北京：中国环境科学出版社，2008.

其次，本书研究的区域具有代表性和典型性，丰富了生态经济学的研究内容。成渝地区地处长江上游地区，生态环境不仅是整个长江流域的生态安全保障，还关系到整个中华民族的生态安全；同时，成渝地区作为中国经济的第四增长极和全国重要的经济中心，不仅关乎西部大开发重大战略的实现，还是保证东中西区域协调发展的重要区域，更是确保中国全面实现小康社会的重要推动力。对于成渝地区这样一个独特区位，研究其生态环境与经济的协调发展，必将丰富生态经济学研究内容。

最后，本书探讨了环境与经济协调发展的作用机理，建立了成渝地区环境和经济协调发展的评价指标和协调度衡量模型，实证分析了成渝地区近十年来环境与经济协调发展状况，总结了成渝地区环境和经济不协调发展的多层次原因，提出成渝地区生态环境和经济协调发展的路径和政策建议。这些均丰富了生态经济学关于生态经济系统、生态经济规划、优化模型和生态经济管理的内容。

（二）研究成渝地区环境与经济协调发展问题，将对成渝地区建设成为全国重要的经济中心和长江上游生态安全的保障区具有重要的实践价值

成渝地区经济、社会、资源、环境的协调和可持续发展，将有利于成渝地区建设成为全国重要的经济中心和长江上游生态安全保障区。成渝地区的发展不能再走先污染后治理的老路，也不能走为了保护环境而不发展经济的路子。在可持续发展理念指导下，成渝地区应走出一条具有区域特色的环境与经济协调发展道路。具体而言，应找出环境与经济不协调发展的问题及其原因，解决环境与经济不协调发展的深层次矛盾，探索环境保护与经济发展相协调的具体措施与路径，并落实到成渝地区经济社会发展实践当中，逐步实现其“全国重要的经济中心”和“长江上游生态安全的保障区”的双重战略定位和发展目标。

（三）研究成渝地区环境与经济协调发展问题，对全国范围内环境与经济协调发展问题具有借鉴意义和指导意义

成渝地区虽然是具有区域特色的典型区域，其区位条件、经济发展水平、生态本底等与其他区域不一样，但是，研究其他区域环境与经济

协调发展问题，仍然要揭示环境经济系统的内在作用机理，评判区域环境与经济是否协调，探讨具体区域环境经济系统不协调的具体方面，找出不协调的原因并解决其不协调的矛盾，并提出针对具体区域、具体问题的对策与措施。成渝地区环境与经济协调发展研究能够为其他区域类似研究提供研究思路、研究范式、研究素材等，能丰富环境与经济协调发展研究并为其他区域环境与经济协调发展研究提供借鉴。

第二节　研究思路和主要研究方法

一、研究思路

本书以成渝地区为实证研究对象，以环境与经济协调发展为主题，以协调发展为主线，围绕"什么是协调发展""是否协调发展""如何协调发展"层层展开研究。本书探讨环境与经济协调发展机理，研判成渝地区环境与经济协调发展状况，提出促进环境与经济协调发展的具体路径，破解成渝地区环境与经济不协调发展难题。具体研究思路如图 0.1 所示：

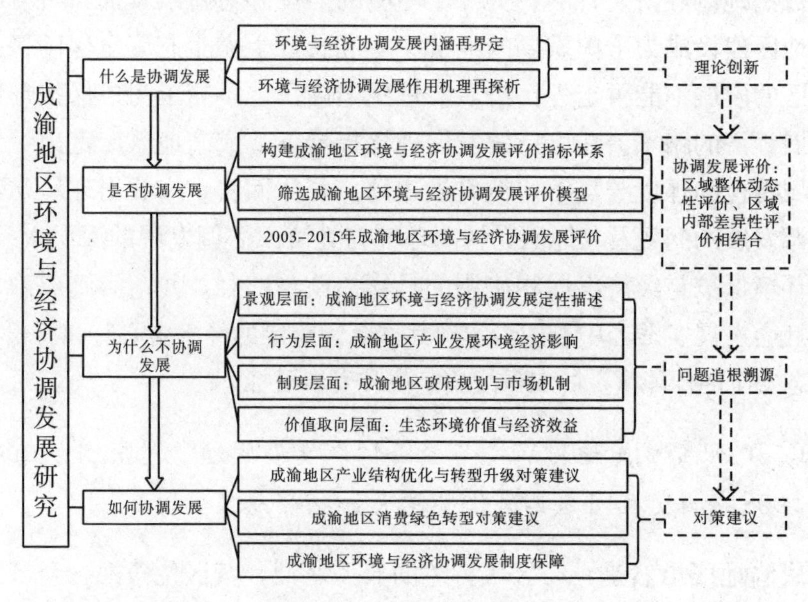

图 0.1　成渝地区环境与经济协调发展研究思路

二、主要研究方法

（一）文献研究与实地调研相结合

一方面，本书研究基于对国内外大量研究论文、专著、研究报告、政策文件等文献的学习、借鉴和思考；另一方面，本书也通过问卷调查、访谈和座谈等方式对成渝地区经济、环境等问题进行实地调查研究，以获取一手资料和相关信息。

（二）规范分析与实证分析相结合

本书研究内容中相关范畴界定、理论支撑体系等章节主要是通过规范分析进行的，而成渝地区环境与经济协调发展评价指标和协调度测算等章节则主要通过实证分析得出相应结论。

（三）定性分析与定量分析相结合

本书充分使用各类统计年鉴有关环境质量状况与经济发展状况数据，利用相关协调度模型和统计分析方法，对成渝地区环境保护与经济发展协调发展度进行定量测算；同时，本书还以定量和定性分析相结合的方式，对成渝地区生态环境和经济发展现状和历年变化情况进行经济学分析和描述。

（四）归纳和演绎相结合

本书在收集大量环境质量和经济发展状况数据和信息的基础上，归纳总结环境质量和经济发展的状况、特点、问题；同时，从环境系统与经济系统普遍性事理出发，探讨环境保护与经济发展的内在联系、相互作用机理以及协调发展路径等。

第三节 本书结构和主要内容

本书采取“总论—分述”的总体结构，以“协调发展”为主线，围绕“什么是协调发展”“是否协调发展”“如何协调发展”展开。总论部分围绕什么是协调发展展开，阐述环境与经济协调发展的相关理论与作用机理，分论部分围绕成渝地区是否协调发展、如何协调发展展开，具体研判成渝地区协调发展状况、不协调发展原因，并从产业绿色转型升级、消费绿色转型和加强环境保护三个方面具体提出优化环境与经济协调发展的路径与对策。

总论部分包括导论、第一章和第二章，导论部分包括选题背景、研究意义、研究思路、技术路线、研究方法、本书结构、主要内容、重点、难点以及主要创新点，第一章包括基本范畴界定、相关理论述评及文献综述，第二章分析环境与经济的相互作用机理，揭示环境与经济的相互作用关系。导论、第一章和第二章奠定了全书的研究基础。环境与经济相互作用机理如图 0.2 所示：

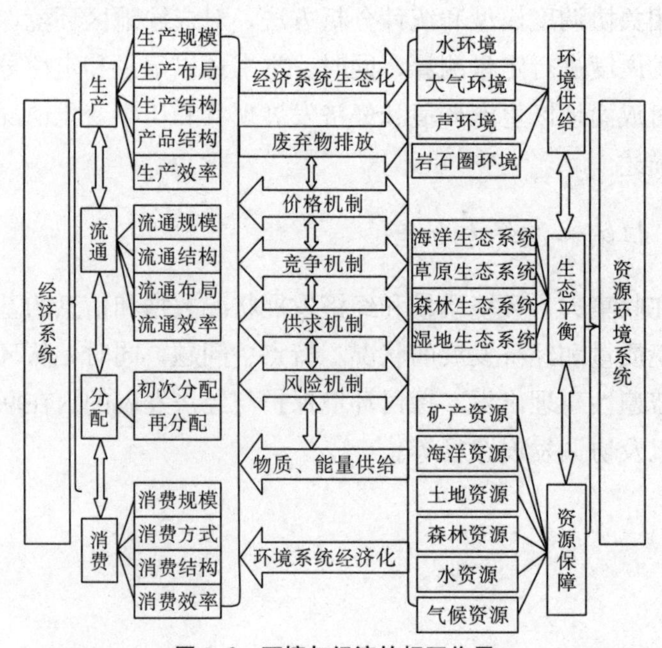

图 0.2 环境与经济的相互作用

分论部分包括第三章、四章、五章、六章、七章，主要围绕“成渝地区环境与经济是否协调发展”“成渝地区环境与经济如何协调发展”展开。本书第三章、第四章围绕“成渝地区环境与经济是否协调发展”展开，第三章以定性分析和定量分析相结合的方法，描述成渝地区生态环境和经济发展的现状和历年变化情况，第四章建立衡量成渝地区环境与经济协调发展的指标体系和协调度模型，并计算出成渝地区2003—2014年环境与经济协调度和协调发展度，评判成渝地区环境与经济协调发展状况。本书第五章、六章、七章围绕“如何促进成渝地区环境与经济协调发展”具体展开，主要从产业绿色转型升级、消费绿色转型、加强环境保护三方面分析成渝地区环境与经济协调发展面临的问题、原因以及解决问题的对策与途径。第五章分析成渝地区产业结构与规模，以及一、二、三产业规模和结构的环境效应，找出区域污染排放的行业来源与成因，并提出环境约束下产业绿色转型升级对策；第六章将成渝地区与长三角地区、珠三角地区、环渤海地区比较，总结成渝地区生产性和生活性能源消费、水资源消费、土地资源消费特征与问题，提出资源约束下消费绿色转型对策；第七章梳理我国环境保护历程、现状、问题，分析成渝地区环境保护的问题、目标与任务，并在借鉴瑞典环境保护先进经验的基础上，提出促进环境保护的制度设计。

第四节 研究的重点、难点和创新点

一、研究重点

第一，在探讨环境与经济相互作用的机理基础上，建立衡量成渝地区环境与经济协调发展指标体系，通过测算环境与经济协调发展的协调度和协调发展度，研判2003—2014年成渝地区环境与经济协调发展状况。

第二，从产业角度出发，研判成渝地区产业结构、规模与环境质量间的关系，分析成渝地区第一产业、第二产业、第三产业发展中规模和结构变化对环境的影响，提出有利于环境保护的第一产业、第二产业、第三产业转型升级对策。

第三，从消费角度出发，研判成渝地区生产性消费和生活性消费对资源造成的影响，并通过与长三角地区、珠三角地区和环渤海地区的比较，总结成渝地区能源消费、水资源消费和土地资源消费特征与问题，并提出促进消费绿色转型的对策。

第四，从环境保护角度出发，分析成渝地区环境保护的问题、目标与任务，并在借鉴全球可持续发展领先国家——瑞典环境保护经验的基础上，提出加强成渝地区环境保护的制度设计。

二、研究难点

第一，成渝地区环境与经济协调发展评价指标的筛选、建立和权重的确定。

第二，成渝地区环境与经济协调发展度模型的选择、测算及其对测算结果的经济学分析。

第三，从造成环境与经济不协调发展的主要方面出发，即从生产、消费和环境保护角度找出成渝地区环境与经济不协调发展的多层次原因，包括产业发展的环境影响、生产生活消费的资源消耗，以及环境保护面临的问题等，并由此提出促进环境与经济协调发展的路径。

三、创新点

（一）本书从环境系统和经济系统要素和结构层面，深化并丰富了环境与经济协调发展的内涵

一般认为，环境与经济协调发展是环境系统与经济系统在发生物质、能量、信息流通时的最优选择，是经济活动对环境系统负面影响的最小化以及环境系统对经济活动的最充分支撑，是环境系统与经济系统互相促进、互为补充的发展。除上述内涵外，本书还认为，环境与经济协调发展，是环境系统和经济系统在要素层面的最优化组合，一方面是

经济活动中生产、分配、交换、消费对资源消耗的最小化和环境污染的最低化，另一方面是资源节约、生态修复和环境保护为经济发展提供必要的资源能源、生态产品供给和废弃物净化。依据主要成功因素分析法，本书进一步对经济活动中的主要方面，即生产和消费，以及环境系统中的资源和环境进行了要素分析，并将环境与经济协调发展的内涵扩展为经济活动中的生产规模、生产结构、生产布局、消费总量、消费结构、消费效率等因素按照经济运行规律进行最优化组合，并由此带来大气污染物、水污染物、固体废弃物等的最低排放，以及能源消费、水资源消费、土地资源消费等的最小消耗。

（二）本书建立了全面反映成渝地区环境质量与经济发展状况的指标体系

本书在指标体系选择中克服了环境指标和经济指标种类多样、四川省和重庆市部分统计口径不一致、在时间序列上部分统计指标变化的难点，在收集大量指标数据的基础上，经过反复比较和筛选，最后选取了四川省和重庆市统计口径一致、2003—2014 年指标数据可以获取并能全面反映环境综合质量和经济发展状况的指标体系。经济指标体系包括经济发展规模指标、经济发展活力指标、经济结构指标和经济效率指标的 4 类共计 16 项指标，这些指标从规模、结构、活力、效率四个维度全面反映了经济发展综合状况；环境指标体系包括水污染指标、大气污染指标、固体废弃物指标、污染治理指标、资源消耗指标和生态保护指标的 6 类共计 16 项指标，这些指标涵盖了表征环境系统质量的环境要素、资源要素和生态要素，是对环境质量的全面反映。

（三）本书通过对成渝地区环境与经济协调发展度模型的测算，研判成渝地区环境与经济协调发展状况

2003—2014 年成渝地区环境与经济整体处于失调发展状态，但失调状态得到逐步缓解和减轻，从严重失调状态逐渐向中度失调和轻度失调转变；同时，2003—2014 年成渝地区环境与经济的失调发展存在阶段性特征，2003—2008 年，成渝地区环境综合指数高于经济发展综合

指数，生态环境能够为经济发展提供良好的生态环境基础，2009—2014年，成渝地区经济发展综合指数高于环境综合指数，生态环境保护没有与经济发展同步，滞后于经济发展。

（四）本书分析成渝地区产业规模和结构以及一、二、三产业规模和结构的环境效应，探究成渝地区大气污染、水污染、固体废弃物污染排放的行业来源和主要成因，并提出环境约束下产业转型升级对策

本书通过定量分析发现成渝地区工业污染是区域污染的主要来源，而“两高”工业行业是工业污染物排放的主要来源；在“两高”工业行业内部，电力、热力生产和供应业二氧化硫排放量远远超出其他行业，而煤炭开采和洗选业等6大行业二氧化硫去除率极低，以上行业对大气污染影响大；煤炭开采和洗选业、造纸及纸制品业、化学原料及化学制品制造业废水排放量大，对工业废水排放影响大；电力、热力生产和供应业固体废弃物排放量远大于其他行业，对固体废弃物排放影响大。本书找到了“两高”工业行业污染控制的重要行业领域，并提出促进清洁生产、工业结构调整、空间布局优化、产业集群发展、低碳发展等转型升级对策；同时，成渝地区历年农业总产值构成中，种植业和畜牧业不仅产值基数大、所占比例高，且历年产值增长迅速，本书分析了这两大农业行业的环境影响，并针对性地提出环境约束下农业现代化、产业化、生态化等转型升级对策；在分析成渝地区历年服务业规模和结构的基础上，提出大力发展金融、会展、旅游、物流等服务业对策。

（五）本书将成渝地区能源、土地、水资源消耗与长三角地区、珠三角地区和环渤海地区进行比较，得出成渝地区生产生活消费特征，并提出消费绿色转型对策

成渝地区在能源消费方面存在能源消费总量小但增长迅速、单位地区生产总值能耗大、煤消费在能源消费结构中占比大等能源消费特征；在水资源消费方面存在消费总量大、单位地区生产总值用水总量大、工业和农业用水效率逐年提高、农业用水在水消费结构中占比大的特征；

在土地资源消费方面存在土地资源利用结构合理、城市建设用地增长快、人均用地水平低、产业用地比例高等特征，并针对以上特征提出能源、土地、水资源集约节约利用对策。

第一章　相关概念界定及理论基础

第一节　相关概念界定

一、经济区与成渝经济区

经济区是在劳动地域分工基础上形成的不同层次和各具特色的地域经济单元，是以中心城市为核心，城市群为依托，空间上连片，自然、经济、社会、文化等相似，具有发达的内部凝聚力和外围辐射能力，并在全国经济联系中担负某种专门化职能的地域生产综合体。[①]

《成渝经济区区域规划》将涵盖重庆市31个区县和四川省15个市，总面积约20.6万平方公里的经济区域界定为成渝经济区。成渝经济区规划范围包括重庆市的万州、涪陵、渝中、大渡口、江北、沙坪坝、九龙坡、南岸、北碚、万盛、渝北、巴南、长寿、江津、合川、永川、南川、双桥、綦江、潼南、铜梁、大足、荣昌、璧山、梁平、丰都、垫江、忠县、开县、云阳、石柱31个区县，四川省的成都、德阳、绵阳、眉山、资阳、遂宁、乐山、雅安、自贡、泸州、内江、南充、宜宾、达州、广安15个市。[②]

---

① http://baike.baidu.com/view/140100.htm。

② 国家发展和改革委员会．成渝地区区域规划［Z］．2011.

二、城市群与成渝城市群

城市群是城市发展到成熟阶段的最高空间组织形式，是指在特定地域范围内，一般以 1 个以上特大城市为核心，由至少 3 个以上大城市为构成单元，依托发达的交通通信等基础设施网络所形成的空间组织紧凑、经济联系紧密，并最终实现高度同城化和高度一体化的城市群体。城市群是在地域上集中分布的若干特大城市和大城市集聚而成的庞大的、多核心、多层次城市集团，是大都市区的联合体。①

《成渝城市群规划》规定成渝城市群具体范围包括重庆市的渝中、万州、黔江、涪陵、大渡口、江北、沙坪坝、九龙坡、南岸、北碚、綦江、大足、渝北、巴南、长寿、江津、合川、永川、南川、潼南、铜梁、荣昌、璧山、梁平、丰都、垫江、忠县等 27 个区（县）以及开州、云阳的部分地区，四川省的成都、自贡、泸州、德阳、绵阳（除北川县、平武县）、遂宁、内江、乐山、南充、眉山、宜宾、广安、达州（除万源市）、雅安（除天全县、宝兴县）、资阳等 15 个市，总面积 18.5 万平方公里，2014 年常住人口 9094 万人，地区生产总值 3.76 万亿元，分别占全国的 1.92%、6.65%和 5.49%。②

三、经济增长与经济发展

经济增长是指一个国家或地区在一定时期内产品与服务的总产出与前期相比实现的增长，总产出通常用国内生产总值（GDP）来衡量，对一国经济增长速度的度量，通常用经济增长率来表示。经济发展不仅意味着国民经济规模的扩大，还伴随着产出结构的改善和资源配置的优化，意味着社会体制进步、收入分配合理化、文化教育水平提高、生活

① http://baike.baidu.com/item/城市群。

② http://baike.baidu.com/link?url=rVfGMeAQ6xAArl9BT_kTkbechq4ralZCqpg7R-DmbPYV0qplRsYv89fpTsZas89_GeGcVP0d4p6rgv-3zL1eMmqtn_oY3FEBXQzW_1RpC-kXfExPpJqASwiD_G2D83_LJhR5zNPW3-6Wq4fq9MTU59R58_7tnnwzKw7YpqTt9FtaFEWha7RzfcbjjHf1brAG.

条件改善等。[①] 经济增长与经济发展既相互联系，又相互区别，经济发展涉及的内容比经济增长更广泛。

四、环境与经济

《中华人民共和国环境保护法》将环境定义为："影响人类生存和发展的各种天然的和经过人工改造的自然因素的总体，包括大气、水、海洋、土地、矿藏、森林、草原、野生生物、自然遗迹、人文遗迹、风景名胜区、自然保护区、城市和乡村等。"[②] 经济是指产品和服务的生产和再生产过程，生产和消费是社会的两大基本经济功能。环境与经济之间存在千丝万缕的联系，一方面，环境系统是生命支撑系统，环境的动态平衡保证了万物的生存与发展，并为经济系统提供生产和消费的原材料，是经济发展的基础；另一方面，环境系统具有自净能力，能吸收和容纳经济系统运行过程中产生的废弃物，保障经济的持续发展。在环境—经济系统中，经济系统是环境系统的子系统，经济的增长会消耗更多的资源和能源并产生更多的废弃物，同时环境系统又会反作用于经济系统，环境质量受损会影响经济增长。环境库兹涅茨曲线研究表明，环境质量与经济增长之间呈倒 U 型曲线。

五、协调与协调发展

协调，既是指系统与系统之间，或者系统内各要素之间"和谐一致""均衡"的相互关系，还指为实现系统最优目标，通过建立机制、采取措施与方法，使系统之间或者系统内各要素之间互相协作、互相促进的良性循环态势与统筹过程。发展是指系统和系统组成要素从小到大、从简单到复杂、从低级到高级、从无序到有序的变化过程。[③]

协调发展是一种强调整体性、综合性、内在性的发展聚合，不是单

① 陈秀山，张可云. 区域经济理论 [M]. 北京：商务印书馆，2005：156.
② 国务院法制办. 中华人民共和国环境保护法 [M]. 北京：中国法治出版社，2010.
③ 杨士弘，廖重斌. 关于环境与经济协调发展研究方法的探讨 [J]. 广东环境监测，1992 (4)：2-6.

个系统或者要素的增长，而是多个系统或者系统要素在协调这一有益约束或者规定下的综合发展，协调发展不允许其中一个系统或者要素使整体或者综合发展受影响，协调发展追求齐头并进、整体提高、全局优化、共同发展的美好前景。[①] 协调发展可以从两个方面理解：一是多个系统和系统要素自身的良性发展、持续发展，二是系统之间或者系统要素之间互相促进，在互为补充、互相支撑和优化中发展。协调发展度是衡量环境经济系统综合发展水平高低或综合环境经济效益大小的尺度。

六、环境与经济协调发展

环境与经济协调发展是将环境系统和经济系统作为两个平等的主体来研究，环境系统是经济发展的基础，环境系统与经济系统之间发生物质、能量、信息的流通，存在各种复杂联系。

环境与经济协调发展，广义上讲，既是环境系统与经济系统的共同发展、持续发展，也是环境系统与经济系统之间的互相促进发展；狭义上讲，是指环境系统与经济系统的互相支撑和优化发展。李胜芬等认为环境与经济协调发展包括三层含义：一是经济发展是在生态环境最大承载力范围内，二是在生态环境承载力范围内追求经济效益最大化，三是经济发展为生态环境保护提供物质基础并提高生态环境承载能力。[②] 刘思华等提出生态环境内因论，即生态环境系统是影响经济发展的内生变量。[③] 吕淑平指出环境与经济协调发展的目标是生态环境趋向良性循环，环境与经济发展基本协调，环境质量达到良好水平，使人与自然和谐发展。[④]

环境与经济协调发展就是要在保护环境中发展经济，在发展经济中保护环境，实现环境保护和经济发展的“并重”和“同时”，达到两大系统互相促进和补充，并由此产生生态经济效益的最大化。一方面，经

---

① 杨士弘，廖重斌，郑宗清. 城市生态环境学 [M]. 北京：科学出版社，1996：114－119.

② 李胜芬，刘斐. 资源环境与社会经济协调发展探析 [J]. 地域研究与开发，2002，21 (1)：78－80.

③ 刘思华，方时姣，刘江宜. 经济与环境全球化融合发展问题探讨 [J]. 陕西师范大学学报 (哲学社会科学版)，2005，34 (2)：88－96.

④ 吕淑萍. 促进经济与环境协调发展的基本战略 [J]. 上海环境科学，1996 (1)：1－4.

济发展是第一要务，是前提和主导，离开经济发展谈环境保护，是缘木求鱼，解决环境问题还得依靠经济发展；另一方面，环境是基础，保护生态环境就是保护经济发展赖以需要的基础，保护环境就是保护生产力，改善生态环境就是提高生产力，离开环境保护谈经济发展是涸泽而渔。环境与经济协调发展反对过去“发展经济必须牺牲环境”和“先污染后治理”的“环境代价论”，反对“保护环境必须抑制经济增长”的“相对零增长论”，提倡以最小环境成本发展经济，以最小经济成本保护环境，实现环境与经济的良性循环和协调发展。①

环境与经济协调发展是环境系统和经济系统内部要素层面之间的协调发展，一方面是经济活动在生产、分配、交换和消费过程中资源消耗最低化和环境污染最小化；另一方面是环境系统为经济发展提供持续、稳定的资源、能源供给，有效、安全吸纳经济发展所产生的废弃物与污染物并保障环境系统的良性运转。具体而言，从经济系统出发，经济活动包括生产、分配、交换和消费，而生产和消费是影响环境问题的主要方面。在生产环节，生产规模和结构、农业规模和结构、工业规模和结构、服务业规模和结构与大气污染物、水污染物、固体废弃物等排放息息相关，生产环节环境与经济的协调发展应协调好产业发展规模和结构与污染物排放之间的关系，在现有规模前提下，注重调整和优化产业结构，提升经济发展的质量和效益，开展清洁生产和节能减排，减少污染排放。在消费环节，生产性消费和生活性消费与能源、土地、水等资源消耗密切相关并随之带来环境污染物的排放，消费环节环境与经济的协调发展应处理好能源消费总量、能源消费结构和能源消费效率的关系，建设用地与农村用地的关系，水资源消费总量、消费结构、消费效率的关系，在资源环境约束前提下实现消费模式绿色转型，减少资源消耗和环境污染。从环境系统出发，资源的可持续利用、环境质量的持续改善和生态系统的持续修复，将为经济发展提供源源不断的物质和能量基础，保证经济的健康可持续发展。因此，环境与经济协调发展，一方面，从经济系统出发，处理好生产环节和生活环节的资源消耗和环境污染问题，资源环境约束下产业转型升级和生产生活消费绿色转型是经济发展优化

① 黄娟．生态经济协调发展思想研究［M］．北京：中国社会科学出版社，2008：21－42．

环境保护的重要路径；另一方面，从环境系统出发，加强资源的可持续利用、环境质量的持续改善和生态系统的持续修复，是环境保护支撑经济发展的重要路径。这是从矛盾的本源出发，解决环境与经济不协调发展矛盾的主要方面。

第二节　相关理论基础

一、经济增长理论

经济增长理论研究的是经济增长中各种决定因素的相对重要性，按研究阶段主要分为古典经济增长理论、新古典经济增长理论和新经济增长理论。古典经济增长理论的代表人物有斯密、李嘉图、马尔萨斯等。古典经济增长理论认为经济增长的因素包括劳动力、资本、技术、土地（自然资源）等。新古典经济增长理论的代表人物有索洛、斯旺、萨缪尔森等，其主要观点包括技术变革引起人均 GDP 增长，如果技术停止进步，经济将停止增长，但 GDP 增长率不影响技术变革速度；资本积累引起资本收益递减，带来资本积累率增速降低；资本自由流动，追求最高实际利率，如果实际利率高于目标利率，资本供给增加。但是，虽然新古典经济增长理论认为技术进步是经济增长的重要因素，却又将技术进步作为外生变量，不考虑其对经济的重要影响。为了解决新古典经济增长理论的缺陷，新经济增长理论由此诞生。新经济增长理论的代表人物有罗默、卢卡斯、巴罗等。新经济增长理论在存在外部效应、规模收益递增等假设下，采用动态一般均衡分析法，构建一系列模型，将技术、人力资本等相关变量内生化，解释经济增长问题。新经济增长理论认为内生技术进步是经济增长的重要原因，人力资本、国际贸易、政府干预、经济政策等均对经济增长产生影响，这对当前提出的转变经济发展方式、创新驱动等有很好的指导意义，但新经济增长理论忽略了经济制度对经济增长的影响。

二、生态系统理论

生态系统是指在自然界一定的空间内，由生物群落与无机环境相互影响、相互制约、不断演化、共同构成的具有一定生态功能、能保持动态平衡的自然实体。生态系统中的非生物环境是生物群落赖以生存的物质和能量的源泉及活动的场所，包括太阳光、氧气、二氧化碳、水、土壤、岩石等。生物部分则包括：①生产者。主要指绿色植物，也包括一些光合细菌和化能合成细菌。生产者在生态系统中起着基础性作用，它们通过光合作用或化能合成作用制造有机物，供整个生物群落利用，同时将无机环境中的能量同化并储存在有机物中，为生态系统输入能量，维持着生态系统的稳定。②消费者。主要指依靠摄取其他生物的有机物质为生的异养生物。消费者包括几乎所有的动物（人类）和部分微生物（主要有真菌和细菌等）。消费者只能通过捕食或寄生的方式，从生产者或前一级消费者体内摄取能量来维持自己的生命活动。③分解者。又称还原者，也属于异养生物。主要指各种微生物，也包括某些原生动物和腐生动物。分解者以动植物（即生产者和消费者）的残体和排泄物中的有机物质作为维持生命活动的食物来源，并把复杂的有机物分解为简单的化合物，最终成为水、二氧化碳等无机物质，归还到环境中，供生产者再度吸收利用。分解者在生态系统的物质循环和能量流动中起着重要作用，它是生态系统必不可少的重要组成部分，是维持生态系统平衡的关键因素。一般情况下，生态系统的各组成成分的数量能保持相对协调稳定，物质、能量和信息的输入和输出接近平衡，结构与功能在一定时期内保持稳定状态，达到所谓的生态平衡。生态系统具有自我调节能力，能在一般情况下保持系统相对的、动态的平衡和良性运转。但这种平衡是相对的、动态的平衡，而不是绝对的、不变的。一般来说，结构越复杂，生物多样性越丰富，生态系统的自我调节能力就越大，越易保持生态平衡；反之，结构越简单的生态系统越容易失衡甚至退化。任何一个生态系统的自我调节能力都是有一定限度的，当外部冲击或内部变化超过了这个限度，生态系统就可能遭到破坏，这个限度称为生态阈值。[①]

三、生态经济系统理论

研究生态经济系统理论的国外代表性学者有美国生态学家蕾切尔·卡逊、经济学家鲍尔丁、生态学家奥德姆、生态经济学家莱斯特·布朗等，中国学者包括生态经济学家许涤新、马世骏、马传栋、刘思华、叶文虎等。生态经济系统理论是以生态系统和经济系统共同构成的复合大系统生态—经济系统为研究对象，研究经济系统与生态系统在时间和空间维度的相互作用规律，以实现生态效益和经济效益的最优化。生态系统由非生物环境、生产者、消费者和分解者构成，通过物质循环、能量流动、信息传递而实现生物与环境、生物物种之间的动态生态平衡。经济系统由农业、工业、服务业等经济部门构成，是社会再生产环节生产、分配、交换、消费的有机统一体。人类的一切经济社会行为共同作用于生态系统和经济系统，生态系统和经济系统互相作用、互相支撑，生态系统为经济系统提供基础和保障，经济系统又反作用于生态系统，人类行为统一于生态经济这个复合大系统。在生态经济大系统中，生态系统内的资源与环境子系统对经济系统的发展起着重要的支撑和限制作用，离开了生态系统的支撑，经济系统就会瓦解，因此，生态系统是第一位的，它是人类生存和发展经济的基础；而经济系统对生态系统这一支持层也有反馈作用。经济系统通过自身拥有的资金和技术等手段来影响和引导生态系统的演化方向。这种作用又可分为正负双向，正向的反馈表现为：经济系统以其资金和技术优势支持社会发展并注入生态系统，改善生态系统物质和能量的输入和输出状况，使生态系统逐渐趋向平衡；负面的反馈表现为：当人类违背自然规律，过多地从生态系统获取资源能源或者排放过多的污染物，会破坏生态系统平衡和正常运行。因而，经济系统的发展不能与生态系统割裂甚至对立起来，而应统筹衡量经济系统的运行规律和生态系统规律，在生态规律和经济规律相矛盾

---

① 黄玉源，钟晓青. 生态经济学［M］. 北京：中国水利水电出版社，2009：22－34.

时，生态规律是主导性规律并制约经济规律，经济规律往往要让位于生态规律，以保持生态经济系统的平衡性、稳定性和持续性。发展经济的目的是实现生态经济效益。[①] 这就要求人们在进行社会生产时，要把社会再生产放到完整的生态、经济、社会的大系统中，既要研究制约生产发展的各种社会经济因素，并遵循经济规律；又要研究各种自然生态因素，遵循生态规律，构筑生态系统和经济系统的协调发展，保证生态经济系统平衡，实现生态经济效益最大化。[②]

四、可持续发展理论

以马尔萨斯、李嘉图、约翰·穆勒为代表的西方古典经济学家开启了西方可持续发展思想的启蒙。马尔萨斯人口资源观认为，人口呈几何级数增长与生活资料只有算术级数增长之间的矛盾，必然导致人与自然关系的冲突。李嘉图提出优质自然资源相对稀缺、土地收益递减规律，已认识到资源环境承载力有限。约翰·穆勒提出资源绝对稀缺并要求为子孙后代着想的思想也为可持续发展思想奠定了基础。20 世纪 60 年代以来，在对传统不可持续发展模式及其严重后果进行深刻反思的基础上，《寂静的春天》《增长的极限》《建设一个可持续发展社会》《我们共同的未来》《21 世纪议程》等一系列书籍和文献得以出版，为可持续发展理论奠定了基础。《我们共同的未来》将可持续发展界定为“既能满足当代人的需要，又不对后代人满足其需要的能力构成危害的发展”[③]。联合国环境与发展大会的召开以及《21 世纪议程》的签订，标志着可持续发展理念已经成为世界各国的发展战略和具体行动。可持续发展既是一个超越国界的全球问题，又是一个跨越时代的世世代代的问题。可持续发展的中心是发展，即通过发展达到可持续；可持续发展的基础是协调，即人口、资源、环境、经济、社会五个子系统的协调；可持续发展的核心是生态环境承载力的有限性，即发展不能超越生态环境承载的

---

① 黄玉源，钟晓青. 生态经济学 [M]. 北京：中国水利水电出版社，2009：44.

② 卢琳. 陕西省资源型城镇空间布局规划与区域经济可持续发展 [D]. 西安：长安大学，2008.5.

③ 邓宏兵，张毅. 人口、资源与环境经济学 [M]. 北京：科学出版社，2007：167.

阈值或临界点。可持续发展的目标就是要实现经济、社会和环境的可持续发展，经济可持续目标是要实现经济增长的质量和效益不断提高，社会可持续目标是要消除贫困、保障公平、稳定和谐，生态环境可持续目标是要实现资源持续利用、生态持续平衡、环境持续安全。[①]

第三节　文献综述

一、环境与经济协调发展演进历程述评

（一）国外环境与经济协调发展研究演进历程

20世纪30—60年代，凯恩斯学说的经济发展决定论盛行，主张一味追求扩大再生产和经济效益最大化，基本没有触及环境问题，人类在大肆掠夺资源谋求经济利益的同时，带来资源浪费和环境污染。1962年美国学者卡逊发表《寂静的春天》，提出大量使用农药会带来环境污染，首次从经济发展对环境产生影响的角度，警示人们在追求发展中应保护环境。20世纪60年代，英国经济学家博尔丁（Boulding）提出宇宙飞船经济理论，将地球比作宇宙飞船，人—自然系统是一个有机联系体，物质、能量、信息在地球上高效循环利用，并倡导福利型、后备型、休养生息的经济发展模式。[②] 1972年，第一次人类环境会议在瑞典首都斯德哥尔摩召开，并发表了影响深远的《人类环境宣言》，提出保护环境、拯救地球。同年，罗马俱乐部发表第一份研究报告《增长的极限》，提出随着日益加深的资源消耗和环境污染，地球支撑力一旦达到极限，将抑制经济增长；沃德、杜皮斯发表《只有一个地球》，探讨人类与环境的依存性以及人类对地球的影响。1973年密杉（Mishan）从人类福利需求角度出发，分析经济增长既会增加福利也会带来污染，而

① 邓宏兵，张毅．人口、资源与环境经济学［M］．北京：科学出版社，2007：172－176．

② Boulding K. E. The Economics of the Coming Spaceship Earth. In H. Jarret (ed). Environmental Q uality in a Grow ing Economy [M]. New York: Freeman, 1966.

一旦经济增长已经满足基本需求后，经济的继续增长将不会带来实质性的福利增长，并提出了满意（satiation）论点。[①] 戴利（Daly）从资源稀缺性角度分析经济增长，认为经济增长在满足基本需求后继续追求相对需求的满足只会带来资源的稀缺和环境的恶化，提出了稳态经济的发展模式。[②] 舒马赫提出大规模扩大再生产和高速城镇化导致资源短缺和环境恶化，提倡发展高效率、高创新、可持续的小型化经济。[③] 贝克曼从是否消除贫困的角度评判经济增长，倡导经济发展消除贫困，认为在经济不发达，尚未摆脱贫困的现实面前解决环境问题是奢侈的。[④] 斯贝特（Sibert）提出环境纳污能力是一个常数，经济增长导致环境纳污能力达到最大时，环境将限制经济增长并导致经济增长极限。其他学者也对环境纳污能力与污染物累积量之间的关系进行了研究，一些学者认为环境纳污能力与污染物累积量成正比，一些学者认为二者呈凹曲线，一些学者认为两种关系都存在。1987 年，联合国世界发展与环境委员会发表《我们共同的未来》专题报告，完整表述了可持续发展概念，指出可持续发展是建立在人口、资源、环境、经济和社会五大系统之间相互协调和共同发展基础上的发展，是既满足当代人需要，又不对后代人满足其需要的能力构成威胁的发展。1992 年，联合国环境与发展大会通过了《21 世纪议程》，标志着可持续发展从理念转变为各国都普遍接受的国家战略并付诸具体实践。其中，环境与经济的协调发展是《21 世纪议程》的重要内容。

（二）我国环境与经济协调发展研究演进历程

1972 年，中国代表团参加了第一次人类环境大会，开始认识到中国环境日益恶化的问题。1973 年，中国第一次环境保护会议召开，并审议通过了“全面规划、合理布局、综合利用、化害为利、依靠群众、大家动手、保护环境、造福人民”的环境保护工作 32 字方针。《国务院转批国家计划发展委员会关于全国环境保护会议情况的报告》提出：

① Mishan. E. J. The Economic Growth Debate [M]. London: Allen and Unwin, 1977.
② Daly, H. E. Steady-State Econimcs [M]. San Francisco: Freeman, 1977.
③ Gold Smith, E. et al. Blueprint for Survival [J]. The Ecologist, 1972 (2): 1-50.
④ BeckermanWilfred. In Defence of Economic Growth [M]. London: Jonathan Cape, 1974.

"经济发展和环境保护同时并进，协调发展。"[①] 1983 年，第二次环境保护大会提出"三同步""三统一"战略方针和"三大政策"，其中，"三同步"指经济建设、城乡建设和环境建设同步规划、同步实施、同步发展，"三统一"是指实现经济效益、社会效益、环境效益相统一。[②] 环境保护与经济协调发展的思想开始进入国家宏观环境管理视野。1989 年第三次全国环境保护会议提出加强环境保护制度建设，并提出了新的五项制度。同年颁布的《中华人民共和国环境保护法》指出："国家采取有利于环境保护的经济、技术政策和措施，使环境保护工作同经济建设和社会发展相协调。"[③] 环境保护与经济协调发展的思想和要求已经进入国家环境保护基本法中，环境保护与经济协调发展理念正式确立。1996 年第四次全国环境保护会议提出保护环境是实施可持续发展战略的关键、保护环境就是保护生产力的科学论断，国务院也通过了《关于加强环境保护若干问题的决定》，认识到环境保护具有优化生产力的作用。2002 年第五次全国环境保护会议提出环境保护既是经济结构调整的重要方面，又是扩大内需的投资重点之一，发展环境保护事业，走市场化和产业化的路子，为经济、社会、环境协调发展做出新贡献。环境保护开始步入在保护环境中促进经济发展的阶段。2006 年第六次全国环境保护大会提出环境保护工作要实现"三个转变"，即要实现环境保护与经济增长的"并重""同步"和"综合运用多种手段"。2012 年第七次全国环境保护大会将环境保护提升到与转型发展、改善民生同等重要的高度，坚持在发展中保护，在保护中发展，提出统筹考虑发展、转型和环保，努力实现环境保护与经济发展相互协调、相互促进，环境保护与经济发展共赢的局面已经开始形成。

二、环境与经济相互关系理论

环境库兹涅茨曲线（EKC）是较为广泛的用来描述和解释经济发展与环境影响关系的理论。1991 年，Grossman 和 Krueger 在研究北美

① 刘天齐，黄小林，等. 区域环境规划方法指南 [M]. 北京：化学工业出版社，2001：39.
② http://www.cenews.com.cn/xwzx/zhxw/qt/200909/t20090908_622487.html.
③ 国务院法制办. 中华人民共和国环境保护法 [M]. 北京：中国法制出版社，2010.

自由贸易协定的环境影响时，首次通过实证研究环境质量与经济发展呈倒U型关系并提出了环境库兹涅茨曲线（EKC）。环境库兹涅茨曲线的基本观点包括：在经济发展的初期，环境污染或环境破坏会随经济的增长而加重，当经济发展到某一水平时环境污染程度达到最大，而后经济继续发展，环境污染却随之下降，环境质量逐渐变好。随后Shafik和Bandyopadhyay又进行了持续研究。20世纪90年代开始，世界范围内展开了广泛的环境与经济关系的研究。国外学者如Grossman和Krueger、Panayotou、Stern和Common、Cole等，对某种污染物排放浓度或人均排放量与人均产出（主要是人均GDP）之间的关系进行统计分析；我国多名学者采用时间序列数据和面板数据对大中型城市、省会区域、全国范围进行环境库兹涅茨曲线验证，验证结果也存在较大差异。刘燕等（2006）对中国的经济增长与环境污染关系进行验证，得出中国经济增长与工业废水之间为倒N型曲线关系，与工业废气之间表现为N型曲线关系，与工业固体废弃物之间表现为倒U型曲线关系。[①]曹光辉（2006）则得出经济增长与环境污染呈线性上升直线关系。李达、王春晓（2007）研究证明三种大气污染物与经济增长之间不存在倒U型环境库兹涅茨曲线。许多学者的研究还关注于如何采取措施消减曲线峰值，使曲线拐点到来时环境负面影响最小。

总的来讲，目前对环境库兹涅茨曲线的实证研究已经比较成熟，大多数研究表明，环境质量指标与人均收入之间存在倒U型关系，但不同的实证研究的验证结果也存在较大差异。总结来看，区域经济增长的环境效应包括以下几个方面：一是规模效应，经济规模的扩大带来对更多资源品的消耗，因此经济规模越大的区域经济发展水平应与更为严重的环境污染相对应。二是产业结构效应，Grossman和Krueger（1993），Panayotou（1997）、Lopez（1994）、Jean（1999）、David（2002）、Markus（2002）等从产业结构变动的角度解释了EKC，证实了产业结构效应。研究认为，工业化和城市化带来严重的环境问题，在工业化的不同阶段，其不同的产业结构特征导致的环境污染不同，重化

① 刘燕，潘杨，陈刚．经济开放条件下的经济增长与环境质量——基于中国省级面板数据的经验分析［J］．上海财经大学学报，2006（6）：48－55．

工业产业结构会导致高污染、高排放，而随着工业化程度的提高，现代农业、服务业、信息产业的发展会带来低污染和低消耗，经济增长的资源环境代价下降。三是技术进步效应，Selden 和 Song（1994）、Markius（2002）等的研究证实科技进步能够有效提高资源利用效率并减少污染物排放。四是区际贸易效应，随着区域间贸易的进行，环境污染也发生区域转移，如以产业转移形式将高污染行业从发达地区转移到欠发达地区，将会改善发达地区环境质量，而破坏欠发达地区环境质量。五是环境需求效应，Antle 和 Heidebrink（1995）、McConnell（1997）、Neha（2002）的研究表明随着收入水平的提高，人们对生态产品和优美环境的需求增加，其购买生态产品的行为和消费也增加，并会自愿采取有利于环境改善的选择和措施。六是环境政策效应，国家或区域环境政策能有效改善区域环境质量，使环境库兹涅茨曲线变得更为扁平或者提前出现拐点。

但是，许多学者也对环境库兹涅茨曲线的科学性提出了质疑，主要表现在：首先，目前实证研究主要验证的是经济发展与单个污染指标之间的关系，且污染指标主要是空气质量指标和水环境指标，而缺乏对经济发展与整个环境质量之间关系的验证，且验证方法、模型、指标存在差异性，验证涉及的地区范围、时间周期、资料和数据的翔实性、说服性还有待提高；其次，环境库兹涅茨曲线尚没有科学验证，在污染排放超过环境承载力的情形下，环境质量与经济发展之间的关系，对于在此前提下是否存在倒 U 型曲线还有待进一步验证；再者，环境库兹涅茨曲线只是一种经验性描述，缺少内在机理的分析，即只能描述变化规律，而不能解释这一变化过程；同时，环境库兹涅茨曲线只包括污染物排放的环境因素，而没有考虑生态因素等。

三、环境与经济协调发展定量研究

环境与经济协调发展研究有利于处理经济高速增长导致的环境恶化和资源消耗问题，是关系到可持续发展能否实现的重大命题。国内外学者对生态环境与经济协调发展的关系和协调度进行了大量研究，其主要是根据区域特点建立合理的生态环境保护和经济综合发展指标体系，然后使用主观或客观的方法给各个指标赋权值，建立衡量环境保护与经济发展协调状况和协调发展程度的模型，研判环境与经济协调度和协调发展度。

目前，关于经济系统和生态环境系统指标体系的研究，广义上讲，包括环境承载力指标体系、生态足迹指标体系、环境库兹涅茨曲线指标体系、环境费用效益分析指标体系等，指标体系框架包括压力—状态—响应框架、状态—关系框架。狭义上讲，衡量环境与经济协调度和协调发展度的指标体系是根据协调发展思想，建立一个由经济指标和环境指标共同构成的反映环境系统与经济系统协调发展状况和程度的指标体系。常阿平等（2009）构建的环境与经济协调发展指标体系中，经济系统类指标涵盖经济规模指标、经济结构指标、经济效益指标，环境系统类指标包括环境质量指标、环境污染状况指标、环境治理指标，指标权重通过专家咨询法确定，对指标原始数据进行标准化处理，再通过加权和分析方法分别度量经济子系统综合得分和环境子系统综合得分，然后再根据数学模型度量两个系统的协调程度。[①] 李艳（2003）等构建的经济环境系统协调发展指标体系也是由经济评价指标体系和环境评价指标体系两部分构成的，但经济评价指标体系是由总量指标、工业指标、农业指标、建筑业和第三产业指标构成，环境评价指标体系则由土地和森林资源指标、能源指标、生态破坏指标、污染处理指标构成。杨梅焕（2009）构建的经济与资源环境协调发展指标体系将经济指标和环境指标细分为效益型和成本型两类，共计 30 个指标。其他许多学者如廖重斌（1999）、姚奕（2010）、尹晓波（2009）、杜忠潮（2008）等也分别从环境指标和经济指标两个方面，设计了测量环境与经济协调发展的指标体系，定量研究了珠江三角洲城市群环境与经济协调度和协调发展度、我国 1980—2007 年环境与经济协调度、我国东中西部三地区环境与经济协调发展度、陕西省 10 个市域环境与经济协调发展状况，对丰富和完善协调度指标做出了积极的贡献。指标权重确定方法有层次分析法、因子分析法、均方差决策法、主成分分析法、专家咨询法等。汪燕

① 常阿平，等. 区域经济与环境协调发展的指标体系及定量评价方法研究 [J]. 环境科学与管理，2009（10）.

梅、李超（2009）使用AHP方法对安徽省经济、环境和能源建立的协调发展指标体系的权重进行了测算。杨梅焕（2009）利用SPSS软件，采用主成分分析法得出环境与经济协调发展指标体系权重。虽然对环境与经济协调发展指标体系的研究众多，但所有指标体系的缺点在于，不同指标体系所包含的具体指标存在差异，且权重也会不统一，由此导致对相同问题的研究得出差异较大的结果。指标设计的全面性、科学性还有待考证，目前尚无公认的环境与经济协调发展指标体系。而刘登娟、吕一清（2017）构建的成渝城市群环境与经济协调发展评价指标体系，运用信息熵法对指标体系权值进行计算，定量评价成渝城市群环境与经济协调发展度。

对于两个子系统的协调性研究，主要是从系统学的角度来建立协调发展模型。目前，国内学者在研究环境与经济协调发展方面已经较为成熟，建立了大量的经济发展与生态环境协调发展模型，主要分为数学模型和模拟模型两大类，又可细分为投入产出模型、物质平衡模型、环境库兹涅茨曲线模型、系统动力学模型、灰色系统模型、多目标决策模型、综合性分析模型等多种模型。廖重斌（1999）最早构建环境与经济协调度和协调发展度模型并分析了珠三角地区环境与经济协调度和协调发展度，随后有多名学者比如马嘉菁（2008）运用此模型分析武汉市环境与经济协调发展的关系，其他学者在此模型基础上稍做改进对其他地区环境与经济协调发展状况进行了分析。姚奕（2010）采用投影寻踪分类模型实证分析了中国环境经济系统协调发展状况。张晓东（2003）采用灰色系统模型理论构建衡量环境经济协调发展模型。刘耀彬（2005）提出耦合管理模型分析环境与经济协调状况。熊文（2007）运用格兰杰因果与脉冲响应函数分析广西一、二、三产业及总体经济增长与环境之间的相互作用关系。李华、申稳稳、俞书伟（2008）运用主成分分析法评价山东省经济发展与人口资源环境的协调度。由于对不同区域研究的切入点不同，国内学者对协调度、协调发展度的分类也存在不同分法。杜忠潮（2008）在研究陕西省10个市域环境与经济协调发展度时将协调度分为优质协调发展、良好协调发展、协调发展、基本协调发展、失调发展五大类，每一大类又分为经济滞后型、经济环境同步型、环境滞后型三个基本类型，总计15个等级标准。闫婷婷（2008）在研究山东省经济与环境协调度时将协调状况分为优质协调、良好协调、中级协调、初级协调、勉强协调、濒临失调、轻度失调、中度失调、严重失调九类。杨梅焕（2009）将经济发展与资源环境协调度分为协调发展阶段、过度发展阶段、失调发展阶段三个阶段，每一个阶段又分为经济滞后型、经济环境同步型、环境滞后型三个基本类型，总计九个等级标准。总的来讲，协调度反映的是环境与经济二者之间的相互协调关系，没有反映出二者各自本身的发展程度，协调发展度能弥补协调度的不足，反映出环境质量状况和经济发展状况。

四、环境与经济相互作用机理研究

经济发展是经济总量扩大、结构改善、质量提升的过程。经济系统与环境系统相互作用，互为补充。环境库兹涅茨曲线首先实证验证了环境与经济之间的关系，随后，许多学者在深化环境与经济关系研究的基础上，还研究了哪些因素及其作用机制导致环境与经济间关系的产生。丁焕峰、李佩仪（2010）探讨了经济发展水平、人口规模、科技水平、政府环保管制、贸易开放水平、产业结构、能源利用效率对区域污染产生的影响及影响的作用机理。[①] 李达、王春晓（2007）分析认为第二产业比重、经济增长速度、单位 GDP 能耗和环境政策强度对三大大气污染物排放具有明显影响。左玉辉（2008）从经济、自然、技术、社会和环境五个方面对经济发展进行五律解析，并提出从三次产业结构—环境、第一产业—环境、第二产业—环境、第三产业—环境、投资—环境、消费—环境、进出口—环境的角度探讨经济—环境调控的空间、机遇与策略，提出三次产业结构升级、进出口战略调整、消费升级、投资能力增强将会促进环境与经济的协调发展。季斌（2008）在研究经济增长—环境质量协调发展机理时，除了从经济规模、产业结构、技术进步、经济开放角度探讨经济发展对环境质量的影响外，还从其他因素，尤其是环境管理制度、环境政策、能源价格、特定历史时期经济形式等

① 丁焕峰，李佩仪．中国区域污染影响因素：基于 EKC 曲线的面板数据分析［J］．中国人口资源与环境，2010（10）：117－122.

方面展开了研究。侯伟丽（2005）从经济结构、经济体制、企业制度、技术变迁、工业化、城镇化模式、增长方式、外向型经济、重要经济政策方面探讨了经济发展对环境质量的影响。龚海林（2012）探讨了环境规制对产业结构进而对经济增长的影响，从企业进入、技术创新、社会需求、国际贸易四个方面加强环境规制，从而影响产业结构和经济的可持续发展。

五、环境与经济协调发展区域研究

许多学者将环境与经济协调发展的理论与方法运用到具体的区域中进行针对性研究。在全国层面，傅必玲、肖雯（2008）运用廖重斌构建的协调度模型对全国 30 个省、直辖市和建设兵团进行了环境与经济协调发展的定量评判，得出全国主要省市环境与经济协调度不高，普遍存在重经济增长、轻环境保护的状况，并根据各省市协调发展度状况提出针对性的环境与经济协调发展对策。在流域层面，冉瑞平（2003）选择了长江上游地区来研究环境与经济协调发展问题，并提出构建长江上游地区环境与经济协调发展的综合决策机制、激励机制、环保投入机制、公众参与机制、区际协作机制。在区域层面，盖凯程（2008）运用定性描述与定量分析相结合的研究方法，从历史维度和现实维度对西部地区生态环境与经济不协调发展状况进行了研判，提出从对生态脆弱区分区治理、产业结构生态转型、绿色技术支撑的路径着手促进西部地区环境与经济协调发展，并提出从制度设计角度加强协调发展，比如设计信息显示机制、生态环保融资机制、公众参与机制、综合决策机制等。在省级层面，褚岗、王玉梅、来佑花（2008）运用主成分分析法，对山东省社会经济与环境协调发展进行了定量分析和综合评价研究，并提出了控制人口增长、调整产业结构、促进资源保护和可持续利用、提高生态环境保护和建设力度、加强区际环境保护合作、控制污染、减少过度浪费等协调发展措施。在市级层面，黄一绥（2008）对福州市 2000—2007 年环境质量与经济发展协调度进行研判，总结了福州市环境与经济良好和优质协调发展的类型。目前尚无以成渝城市群为实证研究范围的论文，但有与以“成渝地区”为实证研究范围有交叉的研究，如：奇瑛

(2007) 以成都市为研究范围评价了人居环境与经济协调发展状况；王西琴等(2001) 以成都平原城市群为研究范围评价了成都市、德阳市、绵阳市、乐山市、眉山市、雅安市、资阳市经济社会与资源环境协调发展状况；冉瑞平(2003) 以长江上游地区为研究对象研究长江上游地区环境与经济协调发展；盖凯程(2008) 以西部地区为研究对象研究西部生态环境与经济协调发展；胡江霞、文传浩、兰秀娟(2015) 采用系统动力学、协调度分析两种方法，对四种方案进行分析评价后提出了重庆市未来经济环境协调发展的最佳模式。张荣天、焦华富(2015) 把泛长三角地区 41 个地级市以上的行政区经济发展与生态环境系统得分排名划分为 4 种类型，提出未来泛长江三角洲经济发展分类指导建议。总体来讲，关于环境与经济协调发展问题的研究，已经涉及国家层面、区域层面、省级层面、市级层面，对不同类型区域已有一定的研究，研究对象范围广，研究成果有一定的影响力。

六、环境与经济协调发展的路径、对策、措施、保障研究

我国环境保护部污染防治司司长翟青在《走中国特色环境保护道路，实现环境保护与经济社会协调发展》一文中提出，从社会再生产全过程制定环境经济政策，落实地方政府保护环境的责任，优化产业结构和产业布局，发展循环经济，促进清洁生产，完善环保制度，实现环境保护优化经济发展。杨涛、杨丽琼在《资源环境与经济协调发展模式及保障机制探讨——基于建设资源节约型、环境友好型社会的思考》一文中提出，资源环境与经济协调发展模式是分为三个阶段、三个层次递进展开的，需要构建六大保障措施。在经济发展的初级、中级、高级三个阶段分别实施差别化的环境与经济协调措施，三个层次分别指宏观层面的国家和政府行为、中观层面的区域经济和产业经济的协调发展、微观层面的企业和经济主体行为，六大保障措施分别是科学决策机制、投融资机制、科技支撑机制、法律法规保障机制、激励与约束政策机制、公众参与机制。王国印(2010) 认为技术进步不对称性是环境与经济不协调发展的重要原因，并提出采取增设技术统计指标、优化行业技术结

构、促进循环经济接口技术创新、增强对技术创新的国家支持等措施促进技术进步。[①] 方创琳（2000）认为环境与经济协调发展综合决策能有效促进环境与经济协调发展，并构建了环境与经济协调发展综合决策运行机制，提出通过建立环境与经济协调发展综合决策体制、编制协调发展规划、实施协调发展综合决策负责制与定量考核制度等途径促进环境与经济协调发展综合决策机制的运行。同时，还从优化经济发展空间布局的角度，提出三大经济区、重点开发轴线地区和各类经济开发区应成为环境与经济协调发展的重点区域和优先发展区域，并严格控制产业结构优化升级中的污染物迁移。[②] 宋春梅（2009）通过实证研究分析了工业经济增长对环境的结构效应和技术效应为正面影响，对环境的规模效应为负面影响，并提出要通过工业结构优化和技术更新来促进环境与经济的协调发展。鲍丽洁（2012）提出基于产业生态系统的产业园区建设将大大促进经济与环境的协调发展。陈红喜（2008）提出通过增强企业绿色竞争力，提高环境与经济的协调发展度。

七、文献述评

前人的研究在环境与经济协调发展评价指标体系、评价模型方面做出了重要贡献，但研究存在的不足表现在：第一，虽然众多学者对“协调”“协调发展”的内涵进行了阐述，但缺乏对环境系统和经济系统作为复杂系统的深刻认识，没有对“环境与经济协调发展”这个复杂命题的内涵和作用机理进行深刻、全面的阐释，因而其定量评价指标体系和模型选择的理论基础不够。第二，环境与经济协调发展评价指标体系众多，但不同的指标体系所包含的具体指标存在差异，且权重不统一，目前尚无统一的环境与经济协调发展指标体系。第三，长江经济带生态廊道、长江上游生态屏障、长江上游经济发展评价等相关研究众多，目前尚无学者以长江经济带成渝地区为研究对象，定性与定量相结合评价此区域环境与经济协调发展状态。

① 王国印. 实现经济与环境协调发展的路径选择——关于我国经济与环境协调发展的理论与对策研究［J］. 自然辩证法研究，2010（4）.

② 方创琳. 区域经济与环境协调发展的综合决策研究［J］. 地球科学进展，2000（12）.

本书在学习借鉴前人研究的基础上，在以下四个方面有一定的创新性：一是丰富了环境与经济协调发展的基本内涵；二是构建符合成渝地区区情的环境与经济协调发展评价指标体系和评价模型；三是实证分析2003—2014年成渝地区环境与经济协调度和协调发展度基本特征，从时间序列维度对成渝地区环境与经济协调发展的总体发展态势进行定量评价；四是从成渝地区区域内部县域层面出发，对成渝地区各区市县环境与经济协调发展状态进行了定性摸底和实证分析，对成渝地区区域内部县域环境与经济协调发展度进行排序和分类评价，并提出进一步促进该区域环境与经济协调发展的政策建议。

第二章　资源环境与经济协调发展机理

第一节　资源环境与经济相互作用结构与要素分析

一、经济系统对资源环境系统作用的结构与要素分析

（一）生产环节对环境系统产生资源环境压力

1. 生产规模对环境系统产生规模效应

生产规模与环境质量之间存在密切联系，在其他影响因素作用力不变的前提下，伴随着生产规模和经济总量的增加，自然资源消耗量和污染物排放量日益增多，生产规模扩大对环境系统造成的负担日益加大；在其他影响因素作用力变化的前提下，生产规模对环境系统的影响表现出三种关系：一是经济总量与环境质量之间呈现良性发展态势，以北欧等发达国家为代表，随着经济实力的累积，环境质量不断改善；二是经济总量与环境质量之间存在负相关，经济总量提升导致环境质量下降，许多发展中国家和不发达国家已出现此态势；三是经济总量与环境质量之间还可能出现非显性联系，伴随着经济总量的增长，环境质量可能出现多种变化情况，比如先恶化后改善，或者先改善后恶化，或者基本保持不变，等等。

2. 产业结构对环境质量产生结构效应

三次产业结构的优化升级对环境质量具有重大影响。在一、二、三

产业中，第二产业对环境影响最大，第二产业能源消耗总量和单位产值能耗均高于第一产业和第三产业；高耗能、重污染工业行业排放大量废气、废水、废渣，带来严重的大气污染、水污染、固体废弃物、噪音污染等，是主要工业污染排放源。第一产业对环境的影响整体较小，主要表现在土地利用、地下水污染、食物污染等。第三产业对环境的影响相对较小，流通部门和部分生产生活服务部门对环境有一定的负面影响，但第三产业多为非物质生产行业，既不消耗大量自然资源，对环境的影响也有限。随着中国经济的发展，在三次产业结构中，第一产业比重持续下降，第三产业比重稳步上升，虽然第二产业比重略有下降，但中国还将在很长时间内处于工业化阶段，重化工业特征明显。

3. 经济布局对环境质量产生空间效应

国土空间是中华民族赖以生存和发展的空间载体，承载着极其丰富的土地资源、水资源、矿产资源、生物资源等，支撑着人类的经济社会活动。同时，因其地形、地貌、气候等地域生态本底差异性，国土空间存在差异化的环境容量和承载能力。人类从事国土空间开发利用和经济布局，应尊重国土空间的自然属性和资源环境承载能力，遵循人口、资源、环境与经济社会发展相协调的原则，以生态环境承载力为基础划定生态红线，人类的任何经济活动都不能逾越生态红线，同时，对不同类型的国土空间，如优化开发区、重点开发区、限制开发区、禁止开发区等实施差异化的经济活动，明确开发方向，控制开发强度，推进生产空间集约高效、生活空间宜居适度、生态空间山清水秀，促进经济活动空间布局与生态环境承载能力相协调。

在不同类型地区，如资源枯竭型城市，经济发展对资源环境的依赖性极大，经济增长主要靠资源输出或者资源粗加工，伴随着资源的日益短缺甚至枯竭，经济的进一步发展空间有限，同时，长期粗放型经济增长方式导致大量的污染排放，面临严重的资源危机和环境危机。在欠发达地区，当地居民摆脱贫困的愿望极其强烈，为了摆脱贫困，许多地区无视生态环境承载能力，大肆开发利用资源，陷入了贫困—开发—生态环境恶化—贫困加剧的恶性循环。在老工业基地，工业发展有一定的基础和规模，但转型升级任务非常迫切。老工业基地如果延续现有的生产方式，则资源消耗大、工业污染极其严重，经济发展后劲不足，甚至出现衰退；如果较好地完成转型升级，老工业基地将焕发巨大的发展生机，实现经济复苏的同时带来很大的节能减排空间。在经济实力较强、发展水平较高的地区，经济发展会优化环境保护。一方面，用于环保的投资和投入将比其他地区更多，环境治理能力明显提升，环境质量得到改善；另一方面，经济发达地区具有技术、研发、资金、管理、人才等多重优势，“三高一低”产业易于被淘汰或转移到其他地区，产业优化升级明显，经济发展和环境优化的协调发展目标能优先实现。

同时，在经济全球化大背景下，国家和地区之间通过国际贸易、对外投资、跨国公司等形式加强经济联系。一方面，经济的对外依赖性加强；另一方面，经济全球化对本国生态环境具有重大影响。如在我国的对外贸易中，出口产品普遍技术含量低、缺乏核心技术支撑，大量原材料、资源型产品、粗加工产品以低成本销往国外，许多跨国公司通过在华设立资源消耗大、环境污染重的工厂、分支机构等消耗大量低成本资源能源并将污染转移至中国。随着经济全球化的进一步加深，经济全球化布局对环境影响的程度和范围将日益加大。

4. 生产效率对环境系统产生效率效应

生产活力、生产效率影响到资源消耗强度和污染排放强度。生产效率越高，单位产品和单位产值资源消耗量和污染排放量越低，对环境系统的压力就越小；反之越高。以日本为代表的发达国家，以科技创新为动力，以先进管理经验为保障，大力提高土地、水、矿产、能源、森林资源利用效率，减少废弃物排放，取得了生产效率提高与环境保护的双赢。

（二）流通环节对环境系统产生资源环境压力

流通是社会化分工和社会化大生产的产物，流通环节具体包括商品的运输、检验、分类、包装、储存、保管等，在促进经济繁荣的同时带来资源消耗和环境污染。运输方式、运输距离、运输效率、运输规模、包装方式、包装规模、存储方式、存储时间与能源消费结构、能源消费量、资源消费结构、资源消费量、大气污染、固体废弃物污染、水污染、生态破坏等息息相关，影响着资源消耗和环境污染的大小和程度。绿色物流是资源环境约束背景下新的流通方式，是流通环节的转型发展，是资源节约和环境友好的具体实现路径。具体而言，在经济成本可行的前提下，选择资源环境友好型运输方式，缩短运输距离，减少运输总量，提高运输效率，简化包装，减少存储空间和时间等，是流通环节减少资源环境压力的具体措施。

（三）消费环节对环境系统产生资源环境压力

消费被称为经济发展的“三驾马车”之一，消费总量、消费结构和消费方式直接影响到环境系统。在我国，消费结构从以前对吃的满足逐渐转变到对穿、住、行的满足，恩格尔系数不断降低，购买住房和小汽车成为推动经济发展的新生力量，消费从温饱型消费步入小康型消费阶段，并且逐步提升到更高层面的精神消费、文化消费和生态消费，消费结构不断升级。同时，消费方式也不断改变，从基本的生存性消费逐渐提升为改善型消费、舒适型消费和享受型消费。在追求日益丰富的物质满足和精神满足，生活质量不断提高的同时，盲目消费、非理性消费、过度消费和非环保消费逐渐滋生，尤其是享乐型消费、奢侈型消费往往会带来资源的巨大浪费和环境的污染，再加上中国人口基数大的特征，消费总量居高不下，如果延续发达国家的消费方式，将导致全球变暖加剧、资源匮乏加剧和环境恶化，生态环境将难以承载。

（四）制度保障对环境质量产生制度效应

经济学家和新古典经济学家研究了土地、劳动力、资本、技术对经济增长的贡献。随着现代经济的发展和制度对经济发展作用力的显现，以科斯和诺思为代表的新制度经济学家将制度因素纳入现代经济增长模型，研究制度对经济增长的影响。要转变依赖要素大量投入、消耗大量资源和产生严重环境污染的粗放型经济增长方式，实现经济可持续增长和环境的可持续发展，必须进行制度创新。同时，国家重要会议和文件也反映出制度效应对生态环境保护的重要作用。党的十八大将加强生态文明制度建设作为大力推进生态文明建设的四大工作部署之一，提出保护生态环境必须依靠制度；同时，党的十八届三中全会更是将建立和完善生态文明制度体系作为六大改革重点领域进行了全面部署，制度对生态环境保护的重要意义可见一斑。

从制度的法律效应来分类，生态环境保护制度可分为促进生态环境保护的体制、机制、政策、法规等生态环境保护正式制度和习俗、惯例、道德、观念等生态环境保护非正式制度；从制度的作用对象来分类，生态环境保护制度可分为以自然生态系统为作用对象、促进自然生态系统自身修复和平衡，以生态环境保护制度和以人为作用对象、引导和约束人类资源节约和环境友好生产生活行为的生态环境保护制度；从生态环境保护的参与主体来分类，生态环境保护制度可分为促进生态环境保护的政府行政管理制度、生态环境保护市场制度、生态环境保护公众参与制度；从生态环境保护的内容来分类，生态环境保护制度可分为促进资源节约的资源开发利用制度、促进生态环境保护的环境保护制度、促进空间优化的国土开发制度以及其他相关制度。生态环境保护制度具有约束力和激励性，能规范和引导人类的生产生活行为，从本源上解决生态环境问题。环保投入对环境质量产生改善效应。以环保投入为例，环保投入有利于环境质量的明显改善，有大量资金用于环境污染治理，例如城市环境基础设施建设投资、工业污染源治理投资、建设项目“三同时”环保投资，等等。2007—2014 年全国环境污染治理投资总额不断扩大，这些投资有利于加强污染治理能力建设，提高污染治理水平，控制和减少污染物排放，促进环境质量的改善。同时，国家采取措施，加大对有利于生态环境改善的金融、税收、财政的支持力度，例如实施生态补偿机制，加大中央对地方的财政转移支付；增加财政投入，实施退耕还林、退牧还草、植树造林、防风固沙等生态修复工程；对环境友好型行为实行环保补贴，如购买节能家电补贴、购买电动汽车补贴等，这些举措均有利于生态环境质量的改善。环保投资的大小对环境质量改善的程度有影响。国际经验显示，环保投资占国内生产总值比重的1%～2%时，能抑制环境进一步恶化的趋势，当环保投资占国内生产总值比重的 3%～4%时，能改善环境质量。

二、资源环境系统对经济系统作用的要素分析

（一）环境系统是对经济系统正常运行的有力支撑

环境是经济发展的基础，为经济发展提供原材料、资源、能源等必需品，离开环境，人类将无法生存，经济将无法持续。环境系统内的资源要素具有再生能力，环境要素具有自净能力，生态要素具有自我修复能力。一般情况下，环境系统自身的正常运行能保证资源可持续利用以及生态修复和环境安全，能为经济系统的运行提供资源供给、污染吸纳。

（二）环境系统遭到破坏会影响经济系统的运行

环境是经济发展的基础，为经济发展提供原材料、资源、能源等必需品，离开环境，人类将无法生存，经济发展将无法持续。环境在为人类经济社会发展提供源源不断的物质支撑的同时，也在承受着由于经济社会发展而产生的污染废弃物。环境提供资源的能力和接收废弃物的能力是有一定限值的，也就是说环境容量是有限的，在环境承载力范围内的经济发展是健康的、可持续的，一旦资源消耗过多，资源可持续性和再生能力将受到影响，资源日渐匮乏进而导致资源枯竭；一旦污染物排放量超过了环境的自净能力，环境质量就会下降甚至恶化，生态系统平衡将被打破，动植物生存环境和人类的生产和生活将直接受到影响，甚至危及生命健康。环境承载力对经济可持续发展具有直接影响，经济要保持健康持续发展必须在环境承载力范围之内。

环境质量下降包括以下几个方面：空气质量下降，例如全国范围内尤其是京津冀地区的雾霾天气；流域水环境污染，例如淮河流域水污染，太湖、滇池水污染；固体废弃物污染，例如生活垃圾的常年堆积以及由于填埋、焚烧处理带来的地下水污染和空气污染，生产性垃圾和电子垃圾由于循环利用与无害化处理率低下而带来的重污染等。环境质量下降一方面直接影响涉及农林牧渔业的自然资源要素，例如农作物资源、森林资源、水资源、矿产资源等，生态系统内物质、能量、信息的流动与平衡也因此被打破；另一方面，环境污染严重危害人民群众的身

体健康和日常生活，劳动者身体素质变差，劳动生产率降低，劳动产出率下降，生产效率受到环境质量的严重影响。在经济落后地区，经济发展往往依赖于大量自然资源的投入，为了获得更多的经济利益，落后地区的居民过度开发资源环境，必然导致有限资源的匮乏和环境的恶化；资源日益稀缺、环境退化更影响到生产和生活。但是，尽管面临日益突出的资源环境矛盾，对经济利益的迫切追求迫使落后地区居民无视资源环境承载力，而继续甚至更大程度地开发资源和污染环境。资源难以为继，环境不堪重负，陷入了摆脱贫困—开发资源—环境恶化—继续开发—环境持续恶化—更加贫苦的环境与贫困的恶性循环。

环境承载力限制还影响到区域和全球范围内的贸易和投资。随着国际贸易在全球范围的纵深推进，全球经济对外依赖性大大增加，同时，国家、地区之间的贸易冲突愈演愈烈。贸易摩擦的方面很多，其中之一就是针对对外投资、进出口服务与贸易设置更高的环境标准和门槛。受本国严格环境管制影响，许多发达国家将资源密集型、污染密集型产业转移至国外，在对外投资的同时保护本国资源并将污染转移至其他地区；而许多不发达国家为了引进外资、扩大就业、促进经济增长，不惜消耗大量资源，产生严重的环境污染，以牺牲资源环境为代价换取经济的不可持续增长。发达国家实现了保护本国资源环境和促进经济增长的双赢目的，但却产生了污染转移，导致其他国家和地区的资源消耗与环境污染。世界贸易组织（WTO）对环境保护作出了相关规定，例如在《技术性贸易壁垒协议》《补贴与反补贴税守则》《卫生与植物卫生措施协议》中都列出了环境相关规定，乌拉圭回合的《农业协议》也规定环保计划的农业补贴属于绿箱政策。[①] 同时，发达国家对进口商品和服务设置了严格的环境标准，对不符合环境标准的进口产品征收高额的环境税费，或直接采取限制措施禁止不符合环境标准的商品和服务进口，以此来实现对本国资源环境的保护和对他国经济的抑制。发达国家以保护本国资源环境为名义减少进口，不利于他国经济的增长。

环境承载力破坏带来的极端后果是自然灾害的爆发，这将对经济发展带来毁灭性、颠覆性的破坏。我国地大物博，区域性、季节性、阶段

① 钟水映. 人口资源环境经济学［M］. 北京：科学出版社，2007：321.

性自然灾害频发，地震、泥石流、山体崩塌、洪涝、滑坡、水灾、旱灾等时有发生。自然灾害毁灭性大，波及范围广，影响程度深，动辄带来数以万亿计的经济损失，往往使经济社会建设倒退数十年，更伴随着次生灾害的发生，其影响持续时间长，负面效应多，其危害性更是难以估算。

（三）环境保护促进产业转型升级

随着环境保护意识的加强、环境保护法律法规的完善、环境标准的更新以及环境政策的落实，必然对一、二、三产业的污染排放与治理实施更严格的环境管理。第一，加强环境保护将促进产业内部的优化升级。对于污染的主要来源第二产业，一方面，政府采用环境规制手段，对一直超出环境标准、处于高污染、高排放状况的企业实施“关”“停”“并”“转”的行政命令，淘汰落后产能，促使企业绿色转型；另一方面，政府采用环境经济手段，对环境友好型企业实施减免环境相关税、费，提供环境补偿、补助、绿色金融等激励性措施，对污染型企业征收环境税、费、罚款等惩罚性措施，通过差异化环境经济政策迫使企业引进先进生产技术，改良落后工艺，减少污染排放，实现绿色生产。第二产业将逐步实现从依靠资源、劳动的密集投入和污染的高强度排放向依靠科技进步、创新驱动、信息化驱动转型。同时，加强环境保护也影响到第一产业和第三产业，其内部也在实现绿色转型，例如在家禽养殖业、种植业中推广循环经济模式，倡导节俭消费、绿色交通、绿色物流、绿色金融等。在加强环境保护的倒逼机制下，一、二、三产业内部不断优化升级，实现绿色转型。第二，加强环境保护将促进产业结构的优化升级。加强环境保护必然会出台措施，促进资源节约型、环境友好型产业的发展，第一产业、第三产业和环保产业等战略性新兴产业将获得更多的发展空间。战略性新兴产业作为经济发展的新动力和新引擎，其发展将受到国家的大力支持，增长势头明显，其产值在国内生产总值中的份额不断扩大，并直接带动相关产业发展。

环境保护可以提高企业竞争力。中国制定并实施环境保护“三同时”制度，要求企业的环境保护设施必须与主体工程同时设计、同时开工、同时投产，这一制度促使企业必须重视和完善环境保护的基础设施建设。环境影响评价制度要求建设项目在项目建设之前的可行性研究阶段进行环境影响评价，只有达到环境影响评价标准的项目才能得到建设批准。随着环境管理 ISO14000 体系认证在全球的推广，大批中国企业自愿加入 ISO14000 体系，以此体系标准规范企业管理，促进企业管理达到国际环境标准。同时，环境保护影响企业产品。产品生命周期评估将评估产品在生产、销售、使用、处理阶段对环境产生的影响。企业根据产品生命周期评估报告，调整产品的设计、生产、销售等，使之符合环境标准。企业环境管理的提高和企业产品质量的改善，将进一步提高企业竞争力。

第二节　资源环境—经济系统相互作用的类型

一方面，经济系统遵循生产、流通、分配、消费的经济运行规律，实现经济正常运行和经济质量的提高；环境系统遵循资源、生态、环境共生规律，环境质量不断改善。另一方面，经济系统和环境系统在发生物质、能量、信息交换的过程中，环境系统和经济系统相互作用、互为补充、互相支撑，发生着各种各样、千丝万缕的联系，共同构成了要素多元化、结构复杂化、功能多样化的环境—经济系统（如图 2.1 所示）。环境—经济系统内环境子系统与经济子系统多个要素相互作用产生的效果可以细分为三类：一是良性互动型环境经济系统，二是恶性互动型环境经济系统，三是非显性互动型环境经济系统。

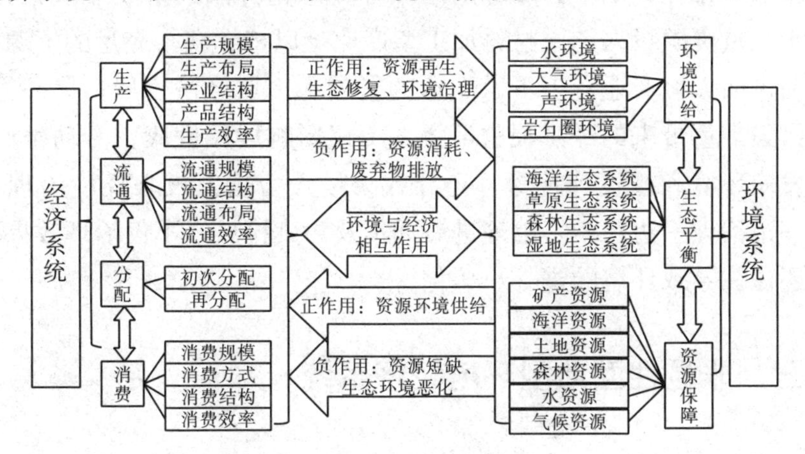

图 2.1　环境与经济的协调作用

一、良性互动型资源环境经济系统

环境系统与经济系统的良性互动表现在：随着经济的发展、科技的进步、环保投入的增加、经济发展方式的转变、产业结构的优化升级和消费模式的绿色转型，在经济发展的同时，环境污染减少，环境质量明显改善和提升，经济发展优化环境保护；同时，随着环境治理制度向经济社会领域的延伸，如环境影响评价制度、“三同时”制度的实施，环境保护目标责任制的落实，环境保护能力的提高以及环境管理的加强，环境保护优化经济发展，经济系统和环境系统处于良性互动发展态势。当前世界上许多发达国家在经历了工业化发展造成环境恶化后，出台了各种措施改善和优化环境，并逐步实现了经济发展与环境优化的协同并进，例如瑞典、德国、日本、新加坡等。

二、恶性互动型资源环境经济系统

经济发展无视资源环境承载能力，大肆开发利用自然资源，对自然资源的开发利用超出资源的可再生能力，资源枯竭和匮乏现象日益明显，同时，粗放型经济发展带来大量的“三废”污染，污染排放类型增多，污染排放量增大，超出环境自净能力，环境污染呈现明显的复合型、压缩型特征；同时，资源匮乏和环境恶化抑制经济发展，一方面，依赖于大量资源投入的原材料加工型产业难以持续获得充足的资源，产业萎缩进而影响产业链上下游企业的发展和区域经济发展；另一方面，环境污染加重带来的经济损失巨大，不仅影响居民健康、劳动生产率、产业发展环境和投资环境等，还导致大量人力物力投入环境治理和改善，一边治理一边污染，治理进展远不及污染排放，不仅治理效果不明显，还往往导致环境的进一步恶化。

三、非显性互动型环境经济系统

在经济社会发展初期，生产力水平不高，生产规模不大，资源利用率低，污染排放较小，经济社会发展对资源环境的影响不明显，环境系统支撑着经济社会的发展，对经济社会发展的负影响不明显，环境系统与经济系统存在弱相关性。伴随着经济的发展，资源开发利用强度增大，污染排放强度增大，污染物排放总量增加，环境质量下降，经济系统对环境系统的负影响处于累积状态；但由于污染排放仍在环境承载能力范围内，环境系统仍承担着支撑经济发展的重要功能，环境系统对经济系统的负影响不明显，存在一定的滞后性。非显性环境经济系统向良性互动型环境经济系统或者向恶性互动型环境经济系统转变还有一段过渡时期。如果经济发展对环境的影响持续恶化，超出了资源的可再生能力和环境自净能力，环境系统对经济系统的负面影响增大，带来经济增长减速、停滞甚至倒退，非显性环境经济系统会向恶性互动型环境经济系统转变。如果经济增长实现绿色转型，经济增长方式实现了由粗放型、劳动密集型、资源密集型向集约型、技术驱动、创新驱动、资本驱动转型，经济增长对环境的负影响会不断减少，再伴随着环保投入的增加、环保技术的进步、环保制度的完善和环保能力的提高，环境质量会不断优化，非显性环境经济系统将逐渐向良性互动型环境经济系统转型。

综观经济增长与环境质量之间关系的探讨，当前对经济增长大致有四种观点。第一种观点是彻底支持经济增长，认为经济增长必然会解决环境问题，代表人物贝克曼提出："证据表明，尽管在经济发展初期常常导致环境退化，但到最后，大多数国家保护环境的最好办法甚至是唯一办法就是变得富裕起来。"[①] 第二种观点是有条件地支持经济增长，认为经济增长会带来污染，在促进经济增长的同时，落实环境治理政策。第三种观点是温和反对经济增长，认为经济增长会危害环境，环境政策对经济影响不大，提出制定和实施环境政策，降低污染密集型产业增长速度。第四种观点是强烈反对经济增长，认为不停止经济增长，环境质量就难以改善，提出降低经济增长速度甚至停止经济增长来换取环境质量的提高。

---

① Becherman W. Economic growth and the environment: whose growth? Whose environment? [J]. World Development, 1992.

第三节 资源环境与经济协调发展的内涵

一、环境与经济协调发展是环境系统和经济系统作为各自独立系统的可持续发展

环境与经济协调发展的第一层含义是指经济系统和环境系统作为各自独立系统的可持续发展。具体而言，经济系统可持续发展是指经济系统按照经济运行规律，通过政府宏观调控和市场机制的共同作用，实现生产—流通—分配—消费的良性运作，确保供给—需求动态平衡，实现经济总量、经济质量的可持续增长和经济效益最大化；环境系统可持续发展是指环境系统按照资源环境规律，实现资源—环境—生态三因素有机结合和共生发展，保持资源供应与消耗的平衡、环境污染与废弃物吸纳能力的平衡、生态破坏和生态修复的平衡，确保资源的可持续增长、环境质量的改善和生态修复。经济系统和环境系统在不同的规律作用下实现自身系统的有序发展和各自系统内的能量流动、物质循环和信息传递。

二、环境与经济协调发展是环境系统和经济系统间多要素相互作用的高级形态

环境—经济系统之间发生着物质流动、能量流动、信息流动等多重关系，经济系统的运行依赖于环境系统源源不断的物质、能量供给，经济系统又向环境系统排放大量废弃物。环境系统和经济系统相互作用，共同构成了要素多元化、结构复杂化、功能多样化的环境—经济系统。

从系统要素层面分析，一方面，经济系统生产环节中的生产总值、产业布局、产业结构、产品结构、生产效率，流通环节中的运输方式、运输效率、包装、存储，消费环节中的消费结构、消费方式、消费总量等对资源消耗、环境污染、生态破坏产生影响；另一方面，环境系统在

承载阈值内保障经济系统的正常运行，一旦经济系统的运行超出环境系统的承载能力，环境系统将对经济系统产生巨大的反作用力，出现资源枯竭、环境恶化、生态退化，对经济系统产生巨大的破坏力。

前已述及，环境—经济系统内环境子系统与经济子系统多要素相互作用产生的效应可分为三类：一是良性互动型环境经济系统，即随着经济的发展环境系统质量整体提高；二是恶性互动型环境经济系统，即随着经济的发展环境系统质量整体恶化；三是非显性互动型环境经济系统，经济发展与环境质量之间无明显相关性。

三、环境与经济协调发展坚守“互为底线”原则

环境与经济协调发展的第三层含义是指环境系统与经济系统在发生物质、能量、信息流通时，两大系统相互作用，坚守“互为底线”原则，即经济效益的增长不超出环境承载阈值和环境保护不影响经济系统的正常运行。第一，经济发展对环境的影响在环境承载力范围内，经济发展不破坏环境系统资源—环境—生态协调发展的“底线”；第二，环境保护不影响经济可持续发展的“底线”，不影响经济系统生产、流通、消费的正常运行，环境效益增长不以牺牲经济为代价。环境与经济相互作用“互为底线”原则是协调发展的前提、基础和保障。

四、环境与经济协调发展坚守“互为优化”原则

环境与经济协调发展的第四层含义是环境与经济相互作用坚守“互为优化”原则，指环境系统和经济系统在要素层面相互作用的最优化组合，一方面是经济活动中生产、分配、交换、消费对资源消耗的最小化和环境污染的最低化；另一方面是资源节约、生态修复和环境保护为经济发展提供必要的资源能源、生态产品供给和废弃物净化，环境系统优化经济发展，经济系统优化环境保护，环境系统与经济系统互相促进、互为补充、互相优化，环境与经济协调发展是环境效益和经济效益构成的环境—经济综合效益的最大化。

基于以上分析，本书将环境与经济协调发展定义为环境—经济系统

在发生物质、能量、信息交换的过程中，以遵循经济运行规律和资源环境共生规律为基础，以环境系统与经济系统相互作用“互为底线”原则和“互为优化”原则为前提，在系统的复杂结构和多因素相互优化作用的条件下，环境保护优化经济发展，经济发展促进环境保护，实现环境—经济综合效益最大化的新型发展模式和发展阶段。

第四节　资源环境与经济协调发展的实现机理

环境与经济协调发展包括三层含义：第一，经济系统遵循生产、流通、分配、消费的经济运行规律，环境系统遵循资源、生态、环境共生规律，实现经济质量的提高和环境质量的改善；第二，经济系统和环境系统在发生物质、能量、信息交换的过程中，遵循经济效益的增长不以超出环境承载阈值和环境保护不影响经济系统基本运行的“互为底线”原则，经济发展水平与环境质量水平基本相当、匹配和协调；第三，环境系统与经济系统“互为优化”，环境系统与经济系统在协调中发展，在发展中协调，环境与经济的发展程度和协调程度均实现优化发展，环境—经济大系统综合效益增大。

环境与经济协调发展既遵循经济运行规律和资源环境平衡共生规律，又坚持经济发展不超出环境承载力阈值和环境保护不抑制经济可持续发展的底线，环境与经济相互优化，是环境污染少、资源消耗低的新的发展阶段和发展模式。与环境与经济协调发展相矛盾的客观现实是重视经济发展，轻视环境保护，环境保护滞后于经济发展。从价值取向角度溯源，在工业文明的人类中心主义和追求物质利益最大化价值取向的驱动下，人的需要占据首位，人类与自然形成开发与被开发、掠夺与被掠夺的严重不平等关系，自然主体严重缺位，环境系统平衡共生的基本需求被人类忽视，资源低价或者无价，生态环境被人类破坏；从环境属性分析，资源环境作为公共产品，非竞争性、非排他性、外部性导致“搭便车”“公地的悲剧”时有发生，但其所有权、使用权、收益权、处置权等权责界定不清，其资源环境监管、资源环境资产管理还没有理顺，突出表现为经济效益最大化与环境效益最大化相矛盾、环境—经济综合效益最大化与经济效益最大化相矛盾、环境—经济综合效益最大化与环境效益最大化相矛盾等一系列矛盾。

要解决重经济增长轻环境保护、环境保护滞后于经济发展的不协调发展问题，其突破口在于重塑生态文明价值取向和对原有价值取向影响下的制度安排进行根本性变革。一方面，在社会主义核心价值观中彰显资源环境的价值和重要意义，形成资源节约、环境友好、经济可持续的生态文明社会新风尚。另一方面，环境与经济协调发展必须依赖制度创新。

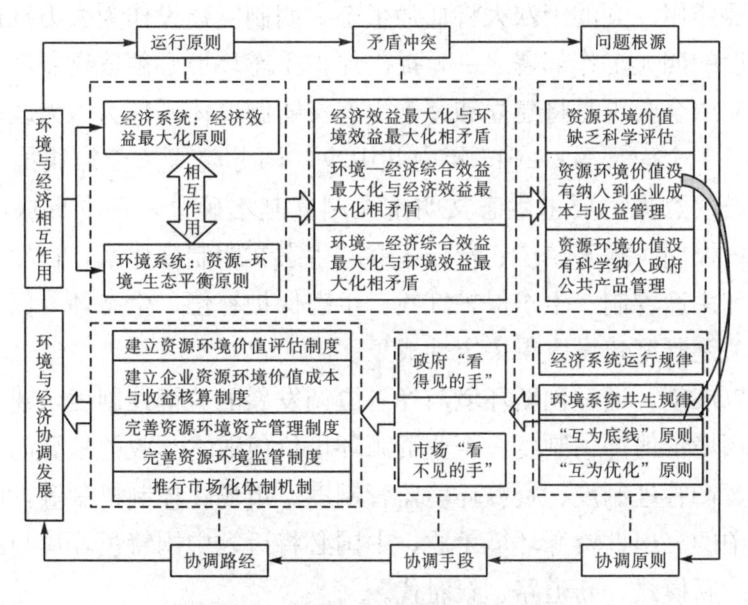

图 2.2　环境与经济协调发展作用图

古典经济学家和新古典经济学家研究了土地、劳动力、资本、技术对经济增长的贡献，以科斯和诺思为代表的新制度经济学家将制度因素纳入现代经济增长模型，研究制度对经济增长的影响。破解经济发展进程中资源环境产权不明晰、资源环境价值低价或者无价、资源环境价值没有纳入企业成本与效益核算、资源环境资产管理问题不完善、资源环境影响监管不力等一系列环境与经济不协调发展的问题，需要从政府作用和市场机制作用出发，加强制度创新。中国的经济社会发展是建立在资源大量消耗、环境污染和生态退化的基础上的，但是，当前国民经济核算并未将森林、土地、水、矿产、渔业等资源耗减和大气污染、水污染、固体废弃物污染等环境污染以及生态退化等带来的经济社会负面影响纳入核算体系，中国 GDP 核算并未反映出资源消耗价值和环境损耗价值，资源低价、环境无价是中国经济社会发展面临的现实问题，也是导致资源枯竭、环境破坏、生态退化的经济根源所在。因此，正确核算资源环境价值，客观反映中国发展进程中的资源环境代价，是资源节约型环境友好型社会建设的重要方面，能为资源集约节约利用和加大环境保护力度的政策和措施的出台提供参考依据，有利于推动中国生态文明发展道路的建设。国家大政方针和政策也反映出制度效应对生态环境保护的重要作用。党的十八大将加强生态文明制度建设作为大力推进生态文明建设的四大工作部署之一，提出保护生态环境必须依靠制度；党的十八届三中全会更是将建立和完善生态文明制度体系作为六大改革重点领域进行了全面部署；2015 年中共中央、国务院《关于加快推进生态文明建设的意见》要求生态文明重大制度基本确立，基本形成源头预防、过程控制、损害赔偿、责任追究的生态文明制度体系，自然资源资产产权和用途管制、生态保护红线、生态保护补偿、生态环境保护管理体制等关键制度建设取得决定性成果。

可以展望，通过创新环境与经济协调发展的关键性制度，建立和完善资源环境价值评估制度、企业资源环境价值成本与收益核算制度、资源环境资产管理制度、资源环境监管制度、市场化体制机制等，解决发展进程中的突出性资源环境矛盾，中国必将迈入中国特色环境与经济协调发展的新模式、新道路、新时代。

第三章　成渝地区资源环境质量与经济发展状况评价

第一节　成渝地区资源环境系统要素分析

一、成渝地区生态本底

成渝地区位于长江上游地区，地处亚热带，是东部季风区、西部青藏高寒区、西北干旱区三大自然区交接地带，地域辽阔，地形复杂，土壤、气候和植被的垂直地带变化和水平地带变化都很明显，自然生态系统类型多样，森林、草地、河流、湖泊、湿地等分布其中。地形地貌有平原、高原、山地、丘陵等，形态丰富，气候类型多样，气象灾害种类多且较易发生。

成渝地区森林植被成分复杂、种类繁多、类型丰富。在空间分布上则具有纬向、经向和垂直方向的“三向地带性”特征。从地貌上看，成渝地区由盆地丘陵逐渐经过低山、中山、高山而过渡到高原地带。在气候上，由盆地温暖、湿润气候，经过半湿润、温凉山地气候过渡到寒冷干燥的高原气候。这些因素使成渝地区的森林植被由常绿阔叶林地带，经过暗针叶林地带过渡到灌丛、草甸地带。成渝地区现有木本植被约3100余种，其中乔木1000余种，均超过全国总数的50%，树种资源十分丰富，而且特有森林植被较多，约有300余种。与邻近地区共有、特有森林植被约700余种。四川省是全国三大林区、五大牧区之一，也是我国植被类型最丰富的省区之一。针叶林类型为全国之冠，其面积占全国针叶林面积的 9.1%，蓄积量占全国的 16.6%。森林覆盖率近 30%。

成渝地区生物种类多样性的内容十分丰富。四川省有维管束植物 9254 种，占全国种类的 1/3，居全国第二位，其中国家重点保护植物有 63 种。脊椎动物 1248 种，占全国总数的 40%以上。野生大熊猫数量占全国的 76%以上。重庆市有国家一级保护植物 5 种，国家二级保护植物 22 种，国家三级保护植物 25 种，分别占全国同类植物的 62.5%、4.1%、23.1%。珍稀濒危植物主要分布于南川、江津、巫溪、巫山。重庆市有国家重点保护野生动物 56 种，其中一级保护野生动物 13 种，二级保护野生动物 43 种。

成渝地区拥有众多自然保护区、风景名胜区、森林公园、地质公园及世界自然文化遗产。截至 2014 年年底，四川省已建各类自然保护区 167 个，自然保护区面积 899.4 万公顷，其中国家级自然保护区 24 个，面积为 277.1 万公顷，省级自然保护区 68 个，面积为 316.7 万公顷。风景名胜区 112 个，森林公园 85 个，地质公园 12 个，省级生态市县（区）17 个，国家级生态乡镇 98 个，国家级生态村 7 个。列入人与生物圈保护区网络的有卧龙、九寨沟，稻城亚丁；列入世界遗产的有九寨沟—黄龙、乐山大佛—峨眉山、都江堰—青城山、大熊猫栖息地，列入世界地质公园网络的有兴文石林。拥有九寨沟—黄龙以及乐山大佛—峨眉山、都江堰—青城山、蜀南竹海、剑门蜀道、贡嘎山、四姑娘山、大邑西岭雪山等 15 个国家级重点风景名胜区。占国土面积近 30%的保护地和 85%以上的珍稀野生动植物其栖息地得到了较好的保护。重庆市已建各类自然保护区 57 个，风景名胜区 57 个，森林公园 61 个，地质公园 4 个，国家级生态县（区）2 个，省级生态县（区）4 个，国家级生态乡镇 5 个。

表 3.1　成渝地区自然保护区个数①　（单位：个）

年份	重庆	四川	成渝地区②
2003	46	120	166
2004	48	131	179
2005	49	161	210
2006	44	119	163
2007	50	163	213
2008	51	164	215
2009	—	—	—
2010	48	166	214
2011	57	167	224
2012	57	167	224
2013	57	167	224
2014	57	168	225

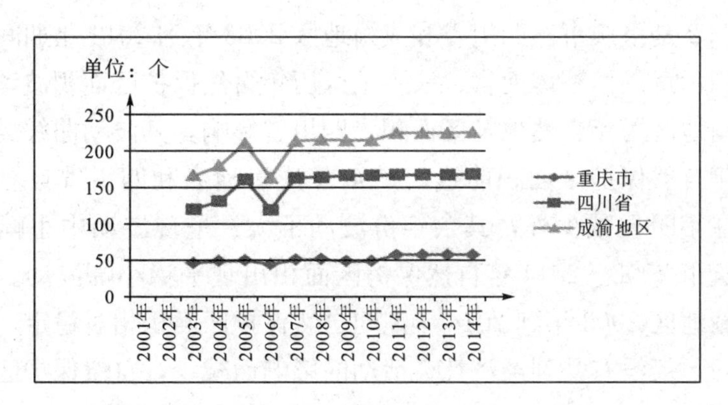

图 3.1　2001—2014 年成渝地区自然保护区个数

表 3.1、图 3.1 是重庆市、四川省和成渝地区 2003 年到 2014 年期间自然保护区个数示意图表。整体而言，三个地区历年自然保护区个数波动幅度不大，成渝地区历年自然保护区数量波动曲线类似于四川省历

① 数据来源：据 2004—2015 年《中国环境统计年鉴》、2004—2015 年《四川统计年鉴》、2004—2015 年《重庆统计年鉴》数据整理而来。

② 由于现有统计缺乏以成渝地区为统计对象的统计数据，本书涉及成渝地区的统计数据均以川渝地区为统计对象统计整理而来。不再赘述成渝地区统计数据来源。

年自然保护区个数曲线，2006 年成渝地区和四川省自然保护区数量较往年明显减少外，其余年份呈现小幅增长态势。重庆市 2003—2014 年自然保护区个数出现平稳小幅增长。总体而言，成渝地区 2003 年到 2014 年期间自然保护区个数有一定增长。而且，同年份比较，四川省自然保护区个数远大于重庆市自然保护区个数。

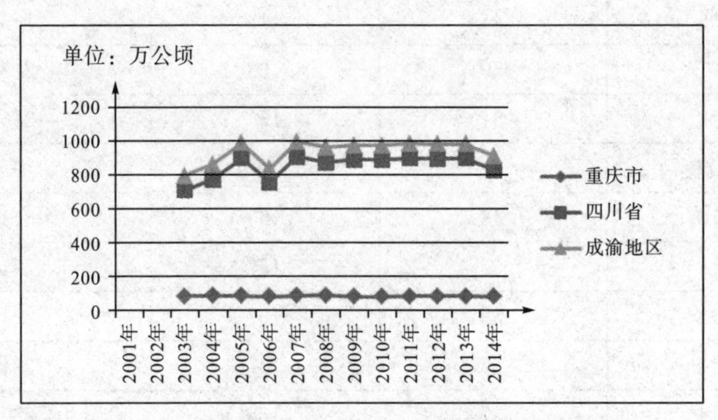

图 3.2　2001—2014 **年成渝地区自然保护区面积**①

图 3.2 是重庆市、四川省和成渝地区 2003 年到 2014 年期间自然保护区面积示意图。整体而言，三个地区历年自然保护区面积波动幅度不大，成渝地区历年自然保护区面积受四川省影响，其波动曲线类似于四川省历年自然保护区面积曲线，2006 年成渝地区和四川省自然保护区面积较往年明显减少外，其余年份波动不大，呈现波动中小幅增长态势。重庆市 2003—2014 年自然保护区面积出现平稳小幅波动。总体而言，成渝地区 2003 年到 2014 年期间自然保护区面积相对稳定，动植物生活空间不仅没有受到经济社会活动的影响而减少，自然保护区面积还增加了近 90 万公顷。而且，同年份比较，四川省自然保护区面积远大于重庆市自然保护区面积。

---

① 数据来源：据 2004—2015 年《中国环境统计年鉴》、2004—2015 年《四川统计年鉴》、2004—2015 年《重庆统计年鉴》数据整理而来。

表 3.2 成渝地区森林资源①

	重庆市森林覆盖率（%）	四川省森林覆盖率（%）	重庆市森林蓄积量（万立方米）	四川省森林蓄积量（万立方米）	成渝城市群森林蓄积量（万立方米）
第六次森林资源普查	22.25	30.27	8441.08	149543.36	157984.08
第七次森林资源普查	34.85	34.31	11331.85	159572.37	170904.22

表 3.2 是第六次森林资源普查和第七次森林资源普查关于重庆市、四川省和成渝地区森林资源的数据。每次森林资源普查的间隔时间是 5 年，通过比较第六次森林资源普查和第七次森林资源普查数据，重庆市森林覆盖率提高显著，由 22.25%增长到 34.85%，增长了近 50%，四川省森林覆盖率也由 30.27%增长到 34.31%。同时，重庆市森林蓄积量、四川省森林蓄积量、成渝地区森林蓄积量也均有了较大幅度增长。以上数据分析显示，2004 年以来成渝地区森林资源覆盖率和蓄积量已经有了明显增长。

二、成渝地区资源禀赋

（一）成渝地区水资源丰富

成渝地区地处长江上游干流及其支流岷江、沱江、嘉陵江、乌江流域的中下游地区，水网密布，进出境水量丰富，是我国水资源最丰富的地区之一。区内 96.6%的流域属长江干流及其支流水系，3.4%的流域属黄河水系。在水资源分区上，处于水资源一级区长江流域，分属 4 个二级区（岷沱江、嘉陵江、宜宾至宜昌、乌江），9 个三级区（如图 3.3 所示）。

① 数据来源：据全国第六次森林资源普查和第七次森林资源普查数据整理而来。

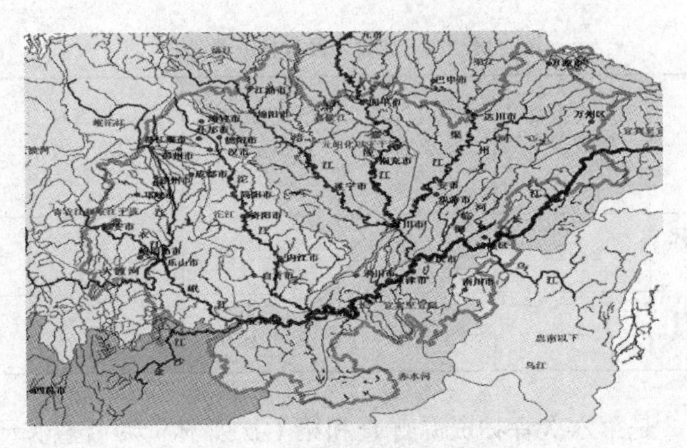

图 3.3　成渝地区流域水系图

2010 年成渝经济区水资源总量约 3040 亿立方米，约占全国水资源总量的 10%，约占长江流域水资源总量的 35%。成渝地区降雨量丰沛，人均水资源量高于全国平均水平和国际用水紧张线，但成渝地区当地水资源时空分布不均，空间分布特征呈现东西部多、中部少的格局，成渝地区局部地区缺水严重，尤其是成渝地区中部的眉山、资阳、内江、自贡、宜宾、泸州、合川、永川等市（地）县处在春、夏旱与春、夏、伏旱交错区。区内大江大河众多，各水系水量差异较大，丰枯悬殊，多年平均流量为 13680 米/秒，年径流量为 4233 亿立方米，水能资源极其丰富，居全国首位。[①] 四川省江河年径流深度为 525.3 毫米，流域面积在 100 平方公里以上的河流有 1049 条，水资源总量达 2548.5 亿立方米，水能资源蕴藏量约 1.43 亿千瓦，技术可开发量 1.03 亿千瓦，约占全国 27%，目前已开发装机容量仅为技术可开发容量的 10%左右，开发潜力巨大；重庆市水资源合计 4624 亿立方米，水能资源蕴藏量为 0.14 亿千瓦，技术可开发量 0.09 亿千瓦，已开发装机容量占技术可开发量的 12%左右。[②] 随着国家对清洁能源的大力扶持，成渝地区水能资源优势将进一步凸显，开发潜力巨大，水电开发市场前景广阔，到 2020 年，可建 300 万千瓦以上巨型水电站 10 余个，100 万千瓦以上特大型电站 30 余座，25 万至 100 万千瓦大型电站 50 余座。成渝地区水能资源优势

① 付实. 中国未来经济增长第五极——成渝地区优劣势分析 [J]. 西部论丛，2006 (1).

② 林凌. 共建繁荣 成渝地区发展思路研究报告——面向未来的七点策略和行动计划 [M]. 北京：经济科学出版社，2005.

不仅能带动水电开发，实现电力自给自足和西电东送目标，还能带动区内建材、工程运输、电力设备、机械等相关产业发展，带动就业，扩大内需，促进经济增长。

（二）成渝地区矿产资源丰富

截至2010年，成渝地区天然气蕴藏量约为8684亿立方米，约占全国天然气储量的23%，天然气储量居全国第一，天然气产量在国内处于领先地位。区内其他矿产资源富集，种类多样，且储藏量巨大，分布集中，开发难度低。储藏量居全国第一的矿产有钛、钒、硫铁矿等，原生钛铁矿蕴藏量22534.7万吨，占全国钛矿储量的98%；钒矿蕴藏量686.8万吨，占全国钒矿储量的55%；硫铁矿蕴藏量44784万吨，占全国硫铁矿储量的28%。储藏量还比较丰富的矿产有稀土、磷矿、铝土矿等，其中，稀土储量居全国第二，磷矿储量占全国的2/3，铝土矿储量占全国的1/4，锰矿、铅锌矿储量也分别占全国的1/5。四川省拥有丰富的旅游资源和矿产资源，已发现矿产132种，探明储量90种，钒钛及稀土矿均在全国占有突出地位。[①] 重庆市矿产资源较为富集，已发现矿产75种，初步探明的矿产40多种，探明矿藏产地353处，优势矿产有煤、天然气、锰、汞、铝、锶等。成渝地区丰富的矿产资源为冶金、化工、建筑材料等相关产业的发展提供了有利条件。

（三）成渝地区土地资源丰富

四川省拥有耕地598.83万公顷，林业用地1912万公顷，园地71.7万公顷，草地1521.5万公顷，湿地439.66万公顷。[②] 森林面积和蓄积量居全国各省区第二位，是全国五大牧区之一，湿地面积大，占全国湿地面积的17.69%，是长江、黄河上游区域重要的水源涵养地。重庆市拥有农用地292.94万公顷，林地297.39万公顷，居民点、工矿及交通用地55.01万公顷，未利用土地150.61万公顷。成渝地区地处长江中上游地区，生态安全地位极其重要，不仅是整个长江流域的生态安

---

① 李慧．推进四川生态文明建设研究［J］．四川行政学院学报，2012（4）．
② 李慧．推进四川生态文明建设研究［J］．四川行政学院学报，2012（4）．

全屏障，更关系到整个长江经济带的经济社会发展。

（四）成渝地区旅游资源丰富

成渝地区自然风光奇特，多元文化繁荣，旅游资源富集。成渝地区依赖秀美风光构建了多条自然生态旅游路线，依赖红色文化、民族文化、三峡文化构建了人文风光旅游路线，旅游资源类型多样，精彩纷呈。成渝地区也是我国自然和人文景观最为丰富、受到联合国保护的遗产最多的旅游资源富集带。成渝地区国家级自然保护区、国家地质公园、国家森林公园、国家湿地公园见表 3.3。

表 3.3　成渝地区国家级自然保护区、地质公园、森林公园和湿地公园①

国家级自然保护区	缙云山，金佛山，龙溪－虹口，白水河，长江上游珍稀、特有鱼类，画稿溪，马边大风顶，长宁竹海，花萼山，宝兴，王朗，雪宝顶
国家级地质公园	云阳龙缸，大渡河，兴文石海，射洪硅化木，华蓥山，自贡，江油，安县生物礁，龙门山
国家级森林公园	铁峰山，桥口坝，金佛山，青龙湖，东山，双桂山，天池山，雪宝山，武陵山，歌乐山，玉龙山，茶山竹海，黑山，黄水，大园洞，南山，观音峡，瓦屋山，都江堰，高山，西岭，七曲山，天台山，福宝，黑竹沟，夹金山，龙苍沟，美女峰，白水河，华蓥山，五峰山，千佛山，二郎山，云湖，铁山，凌云山
国家级湿地公园	彩云湖，濑溪河，云雾山，迎风湖，皇华岛，湔江，构溪河，大瓦山

三、成渝地区水环境质量

（一）成渝地区河流水质

2012 年重庆市地表水水质：长江、嘉陵江、乌江重庆段 24 个断面中水质满足 III 类水质的断面比例为 79.2%，水质状况总体良好，其中长江 15 个断面水质为 III 类，嘉陵江 4 个断面水质为 II 类，乌江 5 个断面水质为 V 类或劣 V 类。2012 年重庆市 73 条次级河流 131 个断面水质满足 III 类和水域功能要求的比例为 85.5% 和 93.9%，比 2011 年分别

① 资料来源：国家发展改革委. 成渝地区区域规划［Z］，2011.

提高了6%和7.5%。次级河流断面水质没有满足III类和水域功能要求的河流主要受人为不恰当生活生产方式影响，其主要超标物有化学需氧量、氨氮、总磷、石油类、粪大肠菌群等。

2012年四川省地表水水质：四川省河流水质总体保持稳定，139个省控断面达标率为71.2%，6个出川断面均达标。城市集中式生活饮用水源地水质持续改善。

（二）成渝地区废水排放及处理与全国的比较

表3.4　2013年成渝地区废水排放及处理与全国的比较[①]

地区	废水排放总量（亿吨）	工业废水排放总量（亿吨）	工业废水处理量（亿吨）	生活废水排放总量（亿吨）
全国	695.4	209.8	492.5	485.1
四川	30.8	6.5	17.2	24.3
重庆	14.3	3.3	3.4	10.9
成渝地区	45.1	9.8	20.6	35.2

2013年全国废水排放总量为695.4亿吨，四川省废水排放总量为30.8亿吨，重庆市废水排放总量为14.3亿吨。在全国31个地区中，四川省废水排放总量比较靠前，排名全国第7位，仅次于广东、江苏、山东、浙江、河南、河北。重庆市废水排放总量排名全国第19位。

2013年全国工业废水排放总量为209.8亿吨，四川省工业废水排放总量为6.5亿吨，重庆市工业废水排放总量为3.3亿吨。在全国31个地区中，四川省工业废水排放总量排名全国第14位，仅次于江苏、山东、广东、浙江、河南、河北、福建、湖南、广西、湖北、辽宁、安徽、江西，重庆市工业废水排放总量排名全国第23位。

2013年全国工业废水处理量为492.5亿吨，四川省工业废水处理量17.2亿吨，重庆市工业废水处理量为3.4亿吨。在全国31个地区中，四川省工业废水处理量排名全国第13位，仅次于河北、江苏、山东、广西、广东、湖南、浙江、辽宁、安徽、湖北、云南、河南，重庆

① 数据来源：据2014年《中国环境统计年鉴》、2014年《四川统计年鉴》、2014年《重庆统计年鉴》数据整理而来。

市工业废水处理量排名全国第 24 位。

2013 年全国生活废水排放总量为 485.1 亿吨，四川省生活废水排放总量为 24.3 亿吨，重庆市生活废水排放总量为 10.9 亿吨。在全国 31 个地区中，四川省生活废水排放总量排名全国第 6 位，仅次于广东、江苏、山东、河南、浙江，重庆市生活废水排放总量排名全国第 18 位。

以上数据显示，在全国范围比较，四川省是全国废水排放大省，废水排放总量、生活废水排放量均居全国前十位，重庆市废水排放指标排名则比较靠后。成渝地区受四川省排放影响，总体而言，废水排放量大，水污染严重。

（三）成渝地区废水排放量历年比较

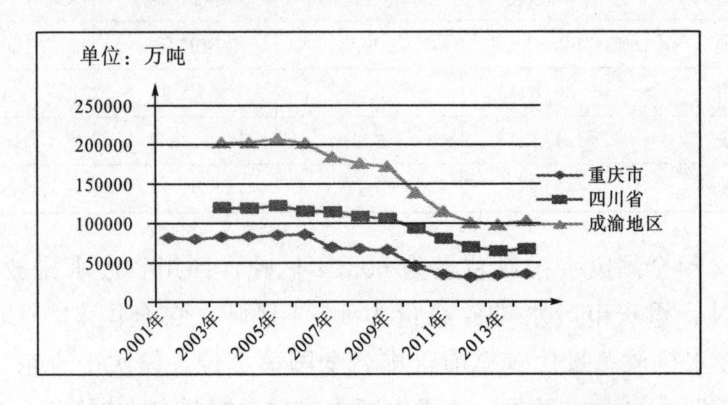

图 3.4　2001—2013 年成渝地区工业废水排放总量[①]

图 3.4 是 2001 年到 2013 年期间重庆市、四川省和成渝地区工业废水排放总量示意图。如图所示，2001 年到 2013 年期间三个地区工业废水排放总量整体出现下降趋势，说明随着工业污水治理的不断深入，工业废水排放总量不断减少，工业废水治理取得积极成效。同时，同年份相比较，四川省工业废水排放总量高于重庆市工业废水排放总量。

① 数据来源：据 2004—2014 年《中国环境统计年鉴》、2004—2014 年《四川统计年鉴》、2004—2014 年《重庆统计年鉴》数据整理而来。

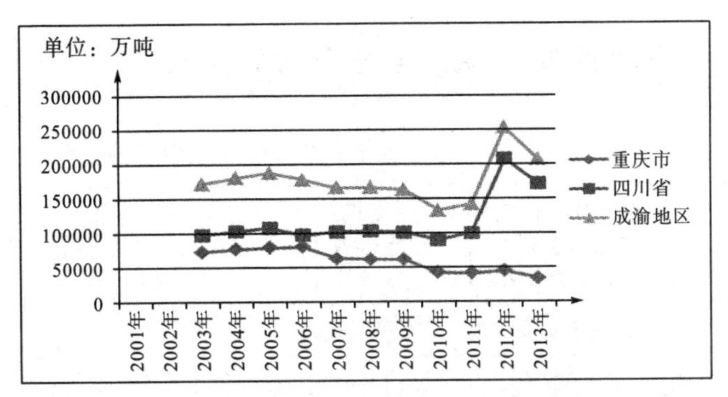

图 3.5　2001—2013 **年成渝地区工业废水排放达标量**[①]

图 3.5 是 2001 年到 2013 年期间重庆市、四川省和成渝地区工业废水排放达标量示意图。如图所示，2001 年到 2013 年期间三个地区工业废水排放达标量整体出现下降趋势，说明随着工业污水治理的不断深入，工业废水排放总量不断减少，工业废水排放达标量也随之减少，工业废水治理取得积极成效，水环境质量明显改善。同时，同年份相比较，四川省工业废水排放达标量高于重庆直辖市工业废水排放达标量。

四、成渝地区大气环境质量

（一）成渝地区空气质量

2012 年四川省城市环境空气质量总体良好，91.6%的城市环境空气质量优于国家二级标准；酸雨污染较上年有所好转；四川省 24 个省控城市环境空气质量良好，平均优良天数为 354 天，其余 22 个城市环境空气质量均优于国家二级标准。其中，两个空气质量不达标城市为成都市和攀枝花市，成都市可吸入颗粒物超标，攀枝花市二氧化硫超标。

2012 年重庆市主城区空气质量优良天数为 340 天，空气中可吸入颗粒物、二氧化硫、二氧化碳浓度均达到国家二级标准，40 个区县、经开区达到国家空气质量二级标准。

① 数据来源：据 2004—2014 年《中国环境统计年鉴》、2004—2014 年《四川统计年鉴》、2004—2014 年《重庆统计年鉴》数据整理而来。

（二）成渝地区废气排放量与全国的比较

表 3.5　2013 年成渝地区废气排放量与全国的比较①

地区	工业废气排放总量（标态）（亿立方米）	工业废气二氧化硫排放量（吨）	工业废气氮氧化物排放量（吨）	工业废气烟（粉）尘排放量（吨）
全国	669360.9	18351904	15456148	10946235
四川省	19760.6	746363	408796	268866
重庆市	9532.4	494415	247905	179842
成渝地区	29293	1240778	656701	448708

2013 年全国工业废气排放总量为 669360.9 亿立方米，四川省工业废气排放总量为 19760.6 亿立方米，重庆市工业废气排放总量为 9532.4 亿立方米。在全国 31 个地区中，四川省工业废气排放总量比较靠前，排名全国第 14 位，重庆市工业废气排放总量排名全国第 25 位。

2013 年全国工业废气二氧化硫排放量为 18351904 吨，四川省工业废气二氧化硫排放量为 746363 吨，重庆市工业废气二氧化硫排放量为 494415 吨。在全国 31 个地区中，四川省工业废气二氧化硫排放量排名全国第 9 位，重庆市工业废气二氧化硫排放量排名全国第 18 位。

2013 年全国工业废气氮氧化物排放量为 15456148 吨，四川省工业废气氮氧化物排放量为 408796 吨，重庆市工业废气氮氧化物排放量为 247905 吨。在全国 31 个地区中，四川省工业废气氮氧化物排放量排名全国第 15 位，重庆市工业废气氮氧化物排放量排名全国第 27 位。

2013 年全国工业废气烟（粉）尘排放量为 10946235 吨，四川省工业废气烟（粉）尘排放量为 268866 吨，重庆市工业废气烟（粉）尘排放量为 179842 吨。在全国 31 个地区中，四川省工业废气烟（粉）尘排放量排名全国第 18 位，重庆市工业废气烟（粉）尘排放量排名全国第 24 位。

以上数据显示，在全国范围比较，四川省是全国废气排放大省，废

① 数据来源：据 2014 年《中国环境统计年鉴》、2014 年《四川统计年鉴》、2014 年《重庆统计年鉴》数据整理而来。

气排放各项指标均居全国第 9 位到第 18 位，重庆市废气排放指标排名则比较靠后。成渝地区受四川省排放影响，总体而言，废气排放量大，大气污染仍然严重。

（三）成渝地区废气排放量历年比较

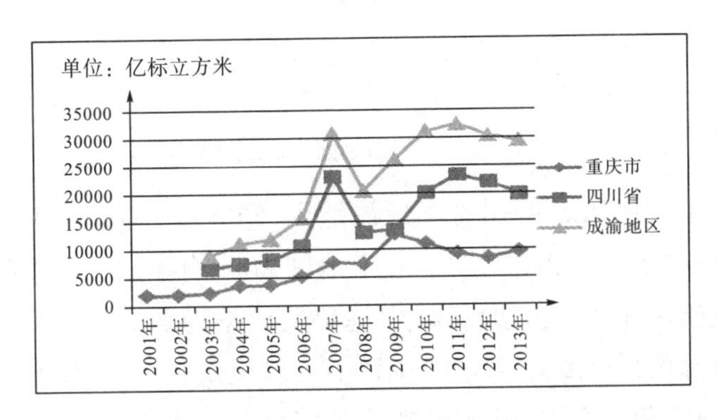

图 3.6　2001—2013 **年成渝地区工业废气排放总量**①

图 3.6 是重庆市、四川省和成渝地区 2001 年到 2013 年期间工业废气排放总量示意图。如图所示，三个地区 2001 年到 2013 年期间工业废气排放总量整体呈波动上升趋势。成渝地区 2003 年至 2007 年期间废气排放量不断增大，2007 年排放量猛增并达到第一个峰值，在经历 2008 年排放量的下降后，2009 年至 2013 年期间废气排放量又不断增大，并从 2010 年开始超过 2007 年废气排放水平。重庆市 2001 年至 2009 年期间废气排放量不断增大，2010 年和 2013 年重庆市废气排放呈减少趋势。四川省 2003 年至 2007 年期间废气排放量不断增大，2007 年达到废气排放量最大值，在 2008 年废气排放量明显减少之后，2009 年至 2013 年废气排放量急剧上升，2013 年废气排放量超过了 2007 年的第一个峰值，四川省 2001 年至 2013 年间废气排放呈波动上升趋势。2003 年至 2011 年间四川省工业废气排放量高于重庆市工业废气排放量。以上数据显示，成渝地区 2001 年到 2013 年期间废气排放整体呈现不断增大趋势，大气污染是成渝地区面临的一大严峻环境问题。同时，同年份比较，四川省工业废气排放量整体高于重庆市工业废气排放量。

---

① 数据来源：据 2004—2014 年《中国环境统计年鉴》、2004—2014 年《四川统计年鉴》、2002—2014 年《重庆统计年鉴》数据整理而来。

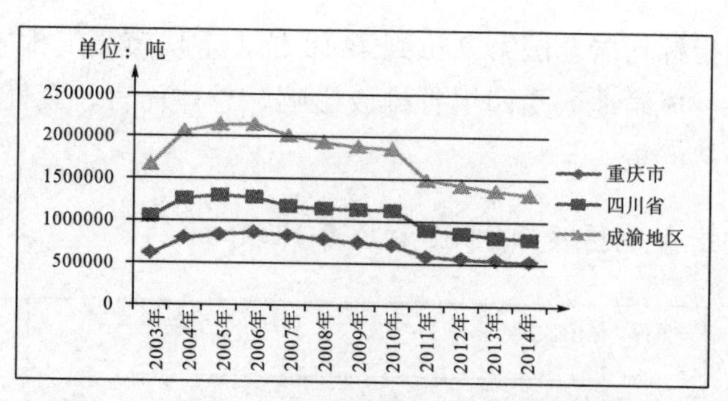

图 3.7　2003—2014 年成渝地区二氧化硫排放总量①

图 3.7 是重庆市、四川省和成渝地区 2003 年到 2014 年期间二氧化硫排放总量示意图。如图所示，三个地区 2003 年到 2014 年期间二氧化硫排放总量整体呈现先增加后减少趋势。成渝地区在 2006 年达到二氧化硫排放量峰值后，2007 年至 2013 年二氧化硫排放量不断减少。重庆直辖市在 2005 年达到二氧化硫排放量峰值后，2006 年至 2013 年二氧化硫排放量不断减少。四川省在 2006 年达到二氧化硫排放量峰值后，2007 年至 2013 年二氧化硫排放量不断减少。2003 年至 2014 年四川省二氧化硫排放量高于重庆直辖市二氧化硫排放量。以上数据显示，成渝地区二氧化硫排放量在 2006 年后得到有效控制，不仅抑制了排放量的继续增长，还有效减少了二氧化硫排放。同时，相同年份比较，四川省二氧化硫排放量高于重庆直辖市二氧化硫排放量。

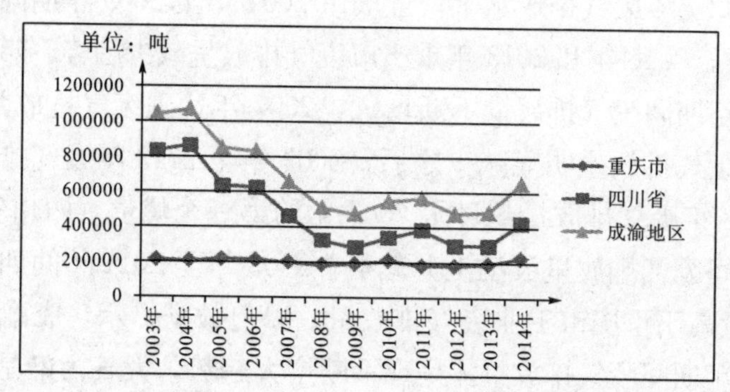

图 3.8　2003—2014 年成渝地区烟尘排放量②

① 数据来源：据 2004—2015 年《中国环境统计年鉴》、2004—2015 年《四川统计年鉴》、2004—2015 年《重庆统计年鉴》数据整理而来。

② 数据来源：据 2004—2014 年《中国环境统计年鉴》、2004—2014 年《四川统计年鉴》、2004—2014 年《重庆统计年鉴》数据整理而来。

图 3.8 是重庆直辖市、四川省和成渝地区 2003 年到 2014 年期间烟尘排放量示意图。如图所示，三个地区 2003 年到 2014 年期间烟尘排放量整体呈现多年不断减少后又在 2009 年之后反弹的趋势。成渝地区历年烟尘排放量受四川省影响，其波动曲线类似于四川省历年烟尘排放量曲线，自 2003 年以来，成渝地区和四川省烟尘排放量不断减少，直至 2009 年达到烟尘排放量的最低值，2010 年烟尘排放量又出现增长状况。重庆直辖市 2003 年至 2014 年烟尘排放量基本保持稳定，增长幅度很小。总体而言，成渝地区 2003 年到 2014 年期间烟尘排放量在经历多年持续减少后又出现增长状况，四川省烟尘排放量减排工作成效明显，减少幅度大，而重庆直辖市多年一直保持较低烟尘排放量。同时，同年份比较，四川省烟尘排放量高于重庆直辖市烟尘排放量。

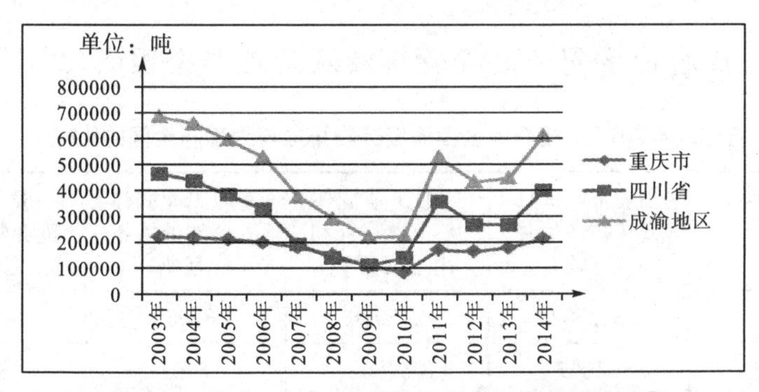

图 3.9　2003—2014 年成渝地区工业粉尘排放量①

图 3.9 是重庆直辖市、四川省和成渝地区 2003 年到 2014 年期间工业粉尘排放量示意图。如图所示，三个地区 2003 年到 2014 年期间工业粉尘排放量整体呈现多年不断减少后又在 2009 年之后轻微增加的趋势。成渝地区历年工业粉尘排放量受四川省影响，其波动曲线类似于四川省历年工业粉尘排放量曲线，自 2003 年以来，成渝地区和四川省工业粉尘排放量不断减少，直至 2009 年达到工业粉尘排放量的最低值，2010 年工业粉尘排放量又出现增长状况。重庆直辖市 2003 年至 2010 年工业粉尘排放量一直保持持续减少，2010 年重庆直辖市工业粉尘排放量仅 83601 吨。总体而言，成渝地区 2003 年到 2014 年期间工业粉尘排放量在经历多年持续

① 数据来源：据 2004—2015 年《中国环境统计年鉴》、2004—2015 年《四川统计年鉴》、2004—2015 年《重庆统计年鉴》数据整理而来。

减少后又出现增长状况，四川省和重庆直辖市工业粉尘排放量减排工作成效明显，减少幅度大。同时，同年份比较，四川省工业粉尘排放量高于重庆直辖市工业粉尘排放量。

综合以上对成渝地区 2001 年到 2014 年工业废气排放量、二氧化硫排放量、烟尘排放量、工业粉尘排放量的统计，发现成渝地区在过去近十年间虽然工业废气排放总量不断增长，但大气污染物的排放量，例如二氧化硫排放量、烟尘排放量、工业粉尘排放量却在不断减少，2009 年以后烟尘排放量、工业粉尘排放量出现增长。

五、成渝地区固体废弃物排放与处理

（一）成渝地区固体废弃物排放及处理与全国的比较

表 3.6　2013 年成渝地区固体废弃物排放与处理与全国的比较[①]

地区	一般工业固体废弃物产生量（万吨）	一般工业固体废弃物综合利用量（万吨）	一般工业固体废弃物处置量（万吨）	一般工业固体废弃物贮存量（万吨）
全国	327702	205916	82969	42634
四川省	14007	5780	5301	3107
重庆市	3162	2695	415	79
成渝地区	17169	8475	5716	3186

由表 3.6 可知，2013 年四川省固体废弃物排放与处理的各项指标中，除一般工业固体废弃物综合利用量在全国 31 个地区中排名第 14 位外，一般工业固体废弃物产生量、一般工业固体废弃物处置量、一般工业固体废弃物贮存量在全国排名都在前八位，说明四川省是固体废弃物产生、处置和贮存大省。2013 年重庆市固体废弃物排放与处理的各项指标在全国 31 个地区排名均比较靠后，均排在全国 22 名以后，说明重庆市固体废弃物产生量、处置量和贮存量在全国的影响较小。成渝地区固体废弃物排放与处理

① 数据来源：据 2014 年《中国环境统计年鉴》、2014 年《四川统计年鉴》、2014 年《重庆统计年鉴》数据整理而来。

受四川省影响较大，受重庆市影响较小。

（二）成渝地区固体废弃物处理历年数据比较

图 3.10 是重庆市、四川省和成渝地区 2001 年到 2014 年期间固体废弃物产生量示意图。如图所示，三个地区 2001 年到 2014 年期间固体废弃物产生量整体呈增长态势。成渝地区历年固体废弃物产生量受四川省影响，其波动曲线类似于四川省历年固体废弃物产生量曲线，成渝地区和四川省除 2008 年和 2009 年固体废弃物产生量较往年减少外，其余年份固体废弃物产生量均比往年增加。重庆市 2001 年至 2014 年固体废弃物产生量则呈平稳增长的态势。总体而言，成渝地区 2001 年到 2014 年期间固体废弃物产生量呈不断增长态势，且同年份比较，四川省固体废弃物产生量远高于重庆市固体废弃物产生量。

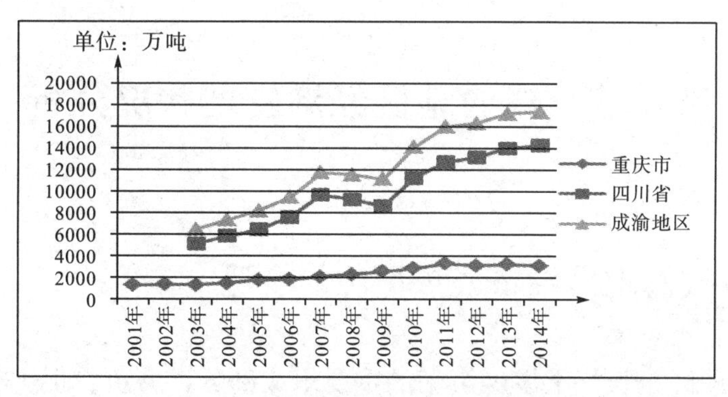

图 3.10　2001—2014 年成渝地区工业固体废弃物产生量[①]

图 3.11 是重庆市、四川省和成渝地区 2001 年到 2014 年期间固体废弃物综合利用量示意图。如图所示，三个地区 2001 年到 2014 年期间固体废弃物综合利用量整体呈增长态势。成渝地区历年固体废弃物综合利用量受四川省影响，其波动曲线类似于四川省历年固体废弃物综合利用量曲线，成渝地区和四川省除 2009 年固体废弃物综合利用量较往年减少外，其余年份固体废弃物综合利用量均比往年增加。重庆市 2001 年至 2014 年固体废弃物综合利用量则呈平稳增长态势。总体而言，成

① 数据来源：据 2002—2014 年《中国环境统计年鉴》、2002—2014 年《四川统计年鉴》、2002—2014 年《重庆统计年鉴》数据整理而来。

渝地区2001年到2014年期间固体废弃物产生量呈不断增长态势，而且，同年份比较，四川省固体废弃物综合利用量大于重庆市固体废弃物综合利用量。

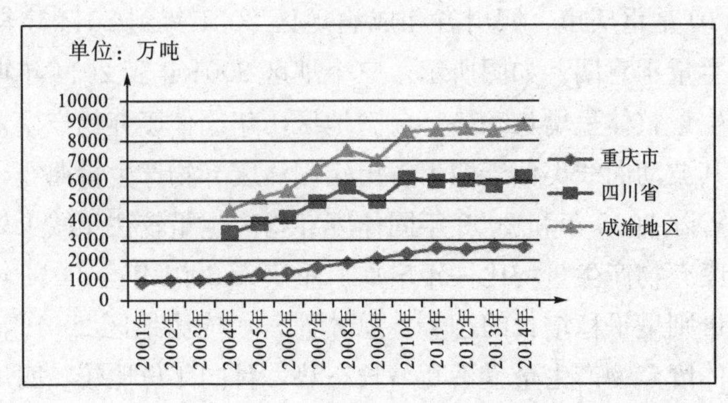

图3.11　2001—2014年成渝地区工业固体废弃物综合利用量①

第二节　成渝地区经济发展状况分析

一、成渝地区经济发展面临的机遇

成渝地区是长江上游经济带的重要组成部分，肩负着促进长江上游经济带发展的历史使命，同时又是继长三角、珠三角、京津冀地区的全国第四大经济增长极，是带动全国经济增长的新引擎。

（一）西部大开发进入加速发展新阶段

自2000年实施西部大开发战略以来，国家加大了对中西部地区在基础设施、生态环境、医疗卫生、科技教育等方面的政策和资金支持，为西部地区经济社会的进一步发展奠定了基础。2010年以来，国家在总结西部大开发十年成就的基础上，提出“巩固提高基础，培育特色产

① 数据来源：据2002—2014年《中国环境统计年鉴》、2002—2014年《四川统计年鉴》、2002—2014年《重庆统计年鉴》数据整理而来。

业，实施经济产业化、市场化、生态化和专业区域布局的全面升级，实现经济增长的跃进”，西部大开发进入加速推进阶段。[1] 成渝地区是西部地区人口和城镇数量最密集地区，也是西部地区工农业最发达地区[2]，还是经济密度最大的地区。面对国家对西部地区新一轮的政策和资金支持，成渝地区抢抓机遇，把握国家在财政支持、产业倾斜、政策照顾等方面的利好措施，发挥成渝地区在资源能源等方面的优势，大力吸引和发挥人才、资金、项目、管理、技术对成渝地区发展的影响，促进成渝地区加速发展。

（二）长江上游经济带建设成为中国经济增长新引擎

长江上游经济带横跨东中西部，是全国“两横两纵”国土开发格局的横轴，是除沿海地区外全国经济密度最高的区域，是沿海经济向内陆发展、扩大内需、保持经济增长的国家重要内河流域经济带，是区域协调发展的重要纽带。面对纷繁复杂、总体疲软、不容乐观的国际经济形势，国家提出扩大内需、大力发展内陆型开放型经济的经济发展战略。长江上游经济带是影响最为重大的内陆流域经济带，水上交通便捷，人力资源充分，沿长江下游有上海、浙江、江苏、武汉等发达城市经济体支撑，是承接沿海经济促进内陆经济发展的新引擎，国家从战略层面高度重视长江流域经济带的发展。

成渝地区位于长江上游经济带的核心区域，城市沿江而建，人口沿江密集分布，工业沿江布局，农业沿江灌溉，经济活动沿江进行，面积约为全国的2.11%，人口约为全国的7.7%，地区生产总值约为全国的6.05%，经济地位极其重要。[3] 重庆市以及四川省的宜宾、泸州、乐山等重要城市地处长江上游重要节点，水运交通极其便利，享有重要的战略地位。成渝地区紧抓长江上游经济带发展的重要契机，充分利用沿江区位优势、资源优势、人力资源优势等，与长江经济带其他城市协同发展、错位发展，发展流域经济、临港经济，合理布局产业链，发展沿江

---

① 百度百科. 西部大开发. http://baike.baidu.com/link?url=O2hroFVpgfCJDcLwD2gKSEsoQWBs8B87tu2sa3yaKA58 _ kRyL8-vFw32FrMBXm82.

② 林凌，刘世庆. 成渝地区发展战略思考［J］. 西南金融，2006（1）.

③ 林凌，刘世庆. 成渝地区发展战略思考［J］. 西南金融，2006（1）.

特色产业，为中国经济增长贡献力量。

（三）全球产业和我国东部产业加快向西部转移

在经济全球化和日益开放的市场竞争机制作用下，全球经济和国内经济发生了剧烈变化。受廉价劳动力、丰富资源、优厚产业引进政策影响，西部地区吸引了越来越多的国内外投资，全球产业和我国东部产业纷纷向西部地区转移。成渝地区独特的区位优势、资源优势、政策优势吸引大量企业入驻，英特尔、摩托罗拉、诺基亚、NEC、阿尔卡特、华为、中兴、爱立信、西门子、富士康等世界500强企业相继入驻成都，带动了电子、通信、研发上下游产业链相关企业来成都投资，并形成了产业链完整的产业集群，重庆两江新区已陆续引进了惠普、宏基、华硕等世界500强企业，富士康、广达、英业达、仁宝、纬创等全球代工商也相继在重庆设立分公司，成渝地区形成了能源产业、装备制造业、汽车、摩托车、航空航天、软件研发等特色和主导产业，吸引着全球更多的产业和我国东部产业入驻。

（四）四川重庆区域一体化发展需求凸显

川渝本是一家亲，四川省与重庆市一水相邻，地理位置、自然资源、生态环境、民俗文化、产业基础、发展需求等都具有相似性和互补性，合作共赢前景广阔。但是，自重庆直辖以来，行政分割使四川省和重庆市从自身利益出发，各自为政，各谋发展，竞争大于合作，合作内容不深化，合作机制不健全，一体化发展面临诸多阻力，成渝地区发展潜力受影响。在经济全球化和区域一体化发展大背景下，成渝地区一体化发展已经上升至国家战略高度，国家将为成渝地区合作共赢的发展模式提供发展空间与平台，众多促进成渝地区一体化发展的政策、资金、项目等将同时向成渝地区倾斜。成渝地区将抓住国家促进成渝地区发展的机会，挖掘和创造川渝两地合作的机会、项目，协同发展、错位发展、共同发展，实现互利共赢。

二、成渝地区经济发展概况

（一）成渝地区经济总量持续增长

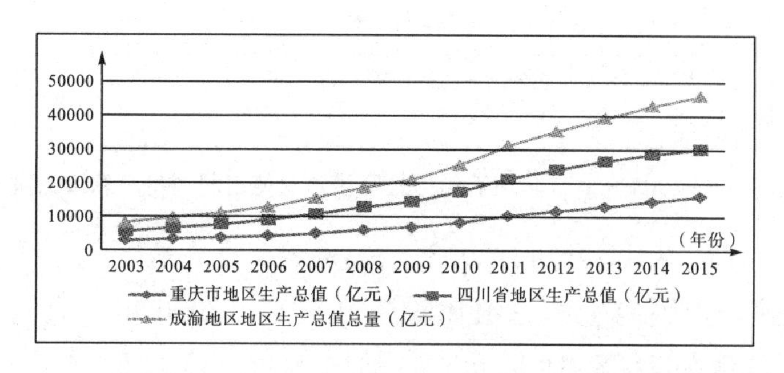

图 3.12　2003—2015 **年成渝地区地区生产总值**①

由图 3.12 可知，成渝地区地区生产总值均保持较快增长，经济总量大幅提升。2003 年重庆市地区生产总值为 2555.72 亿元，四川省地区生产总值为 5333.09 亿元，成渝地区地区生产总值总量为 7888.81 亿元，到 2015 年重庆市地区生产总值为 15717.27 亿元，四川省地区生产总值为 30053.1 亿元，成渝地区地区生产总值总量为 45770.37 亿元，2015 年成渝地区经济总量约为 2003 年的 6 倍。

（二）成渝地区经济总量在全国的地位不断提升

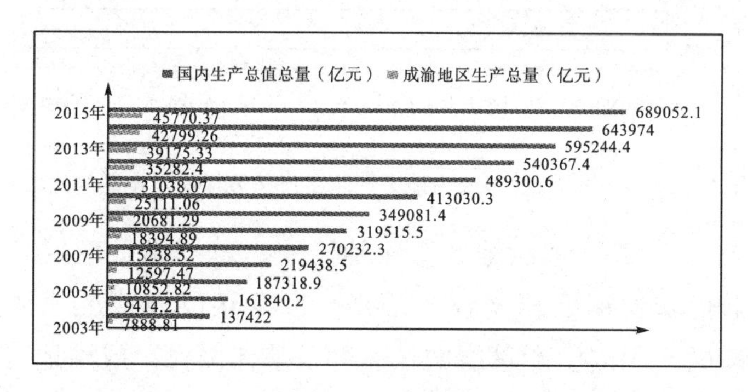

图 3.13　2003—2015 **年国内生产总值与成渝地区地区生产总值比较**②

① 数据来源：据 2004—2016 年《中国统计年鉴》数据整理而来。

② 数据来源：据 2004—2016 年《中国统计年鉴》数据整理而来。

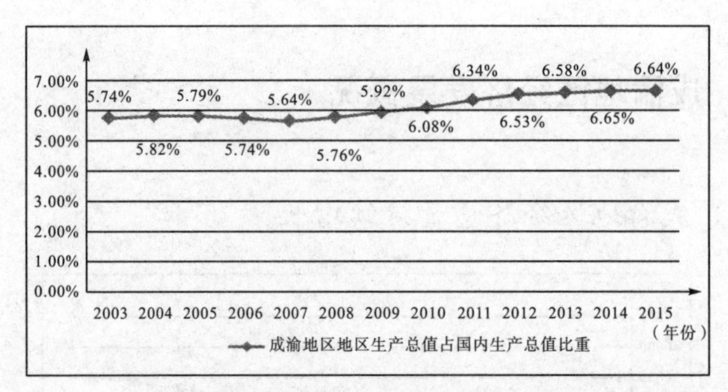

图 3.14　2003—2015 年成渝地区地区生产总值占国内生产总值比重①

由图 3.13、3.14 可知，2003—2015 年，成渝地区地区生产总值总量增长迅速，占国内生产总值比重不断提高。2003 年，成渝地区地区生产总值总量为 7888.81 亿元，占国内生产总值的 5.74%，2015 年，成渝地区地区生产总值总量为 45770.37 亿元，占国内生产总值的 6.64%，经济地位不断提高。

（三）成渝地区经济总量增长速度高于全国平均水平

图 3.15　2003—2015 年成渝地区地区生产总值增速与全国的比较②

由图 3.15 可知，成渝地区历年地区生产总值增长速度与全国历年国内生产总值增长速度相比较，2003—2015 年成渝地区地区生产总值增长速度均高于国内生产总值增长速度，整体而言，成渝地区地区生产总值增长速度均快于国内生产总值增长速度。由于受 2008 年地震影响，

① 数据来源：据 2004—2016 年《中国统计年鉴》数据整理而来。
② 数据来源：据 2004—2016 年《中国统计年鉴》数据整理而来。

2009 年成渝地区地区生产总值和国内生产总值增速均有所降低，2012 年受国际国内复杂经济形势影响，成渝地区地区生产总值和国内生产总值增速也有所降低。同时，2004—2012 年，成渝地区历年地区生产总值平均增长速度是 18.57%，全国历年国内生产总值平均增长速度是 16.13%，成渝地区经济增长速度总体高于全国经济增长速度。

（四）成渝地区经济发展水平低于全国平均水平

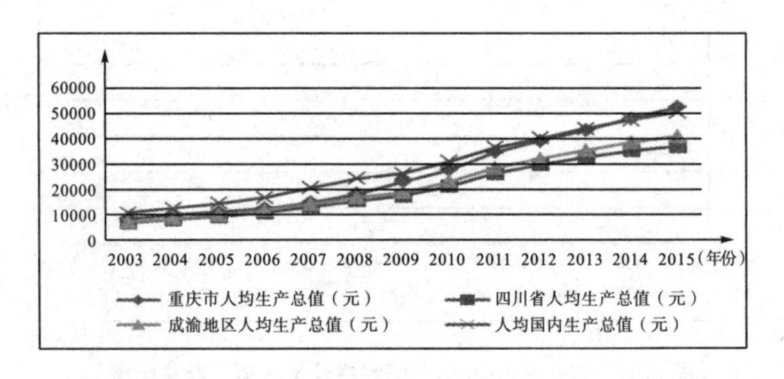

图 3.16　2003—2015 年成渝地区人均生产总值与全国的比较[①]

由图 3.16 可知，2003—2015 年成渝地区人均生产总值均有了大幅提升。2003 年重庆市人均生产总值为 8091 元，四川省人均生产总值为 6623 元，成渝地区人均生产总值为 6928 元，全国人均国内生产总值为 10666 元，2012 年重庆市人均生产总值为 38914 元，四川省人均生产总值为 29608 元，成渝地区人均生产总值为 32014 元，全国人均国内生产总值为 38420 元，十年间成渝地区经济水平大幅提升。2015 年重庆市人均生产总值为 52321 元，四川省人均生产总值为 36775 元，成渝地区人均生产总值为 40790 元，全国人均国内生产总值为 50251 元。同时，成渝地区人均生产总值与全国人均国内生产总值还存在差距，尚未达到全国人均国内生产总值平均水平。2003 年四川省和重庆市人均生产总值均远远低于全国水平，2003—2012 年十年间，重庆市人均生产总值增长速度快于全国平均水平，逐渐缩小与全国的差距，2013 年重庆市人均生产总值达到 34500 元，接近全国人均国内生产总值的 35198 元，2012 年重庆市人均生产总值达到 38914 元，超过全国人均国内生产总

① 数据来源：据 2004—2016 年《中国统计年鉴》数据整理而来。

值的38420元。四川省在2003—2012年，虽然人均生产总值历年增长较大，但与全国人均国内生产总值存在较大差距，2003年四川省人均生产总值距全国人均国内生产总值相差约4000元，2012年四川省人均生产总值距全国人均国内生产总值相差约9000元，差距进一步拉大。

（五）成渝地区农业发达，工业化中期特征明显

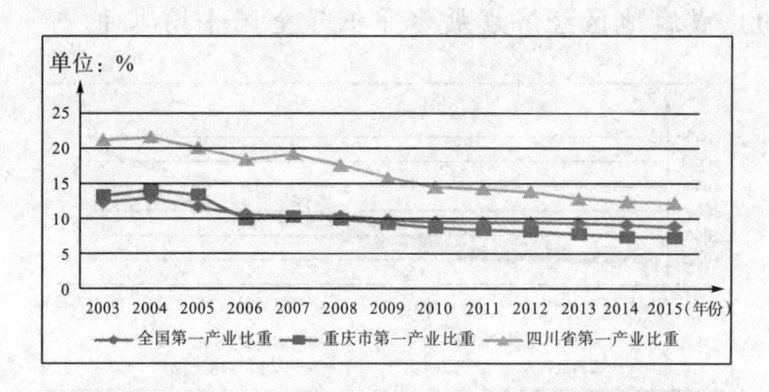

图3.17　2003—2015年全国和成渝地区第一产业比重[①]

从图3.17可以看出，成渝地区第一产业比重与全国相比较，四川省第一产业在地区生产总值中的比重远远高于全国平均水平，主要源于四川省地大物博，农业发达，是资源大省、农业大省。重庆市在2003年至2005年期间，第一产业比重高于全国平均水平，但2006—2012年第一产业比重持续低于全国平均水平，重庆市第一产业比重在地区生产总值中的构成不高。

① 数据来源：据2004—2016年《中国统计年鉴》、2004—2016年《四川统计年鉴》、2004—2016年《重庆统计年鉴》数据整理而来。

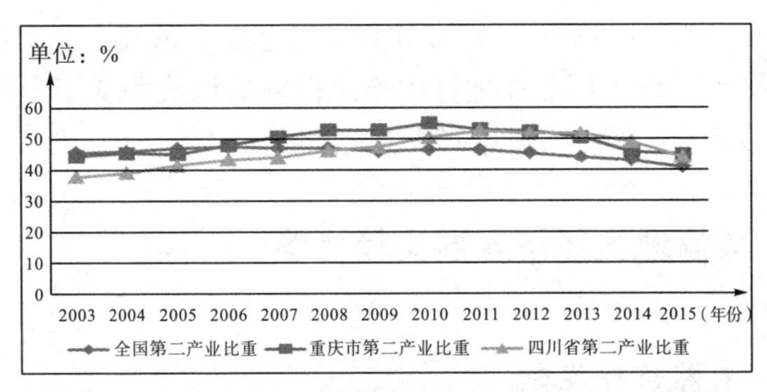

图 3.18　2003—2015 年全国和成渝地区第二产业比重①

从图 3.18 可以看出，成渝地区第二产业比重与全国第二产业比重相比较，虽然重庆市在 2003 年至 2006 年期间、四川省在 2003 年至 2008 年期间，第二产业比重都低于全国平均水平，但重庆市和四川省第二产业发展速度快，第二产业在地区生产总值中的比重分别于 2006 年和 2008 年超过全国第二产业比重，并一直保持高于全国平均水平，2012 年，重庆市、四川省两地第二产业在地区生产总值中的比重均超过 50%，说明成渝地区工业发展迅速，工业化中期特征明显。

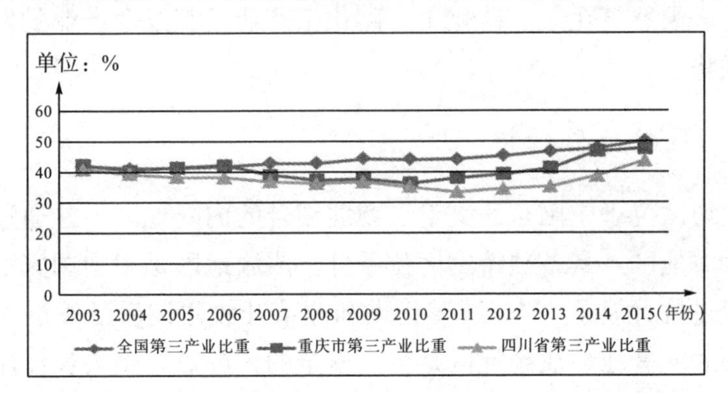

图 3.19　2003—2015 年全国和成渝地区第三产业比重②

从图 3.19 可以看出，成渝地区第三产业比重与全国相比较，四川省第三产业比重一直低于全国平均水平，且与全国第三产业比重差距日益增大，虽然重庆市在 2003 年至 2006 年期间第三产业比重高于全国平

---

① 数据来源：据 2004—2016 年《中国统计年鉴》、2004—2016 年《四川统计年鉴》、2004—2016 年《重庆统计年鉴》数据整理而来。

② 数据来源：据 2004—2016 年《中国统计年鉴》、2004—2016 年《四川统计年鉴》、2004—2016 年《重庆统计年鉴》数据整理而来。

均水平，但2006年以后第三产业比重均低于全国第三产业比重。整体而言，成渝地区第三产业在地区生产总值中的构成均低于全国平均水平，说明成渝地区第三产业还有待追赶发展。

三、成渝地区经济发展比较优势

（一）自然条件优越

成渝地区地处四川盆地，位于中亚热带湿润季风区，气温适宜，气候温润，适合农作物生长，是我国粮食、柑橘、中药材、生猪等重要种植业生产基地和畜牧业产地；成渝地区内河流众多，均属长江水系，水能资源富集，水能发电前景广阔，是西电东送的重要地区；成渝地区矿产资源丰富，钒钛资源占世界储量的90%，稀土矿储量居全国第二，磷矿储量占全国2/3，天然气储量约占全国的60%，铜矿、铝土矿、硫铁矿、锰矿、铅锌矿储量在全国所占比重也较大。[①] 矿产资源的富集为金属冶炼、天然气化工、硫化工、磷化工产业及其配套产业的发展提供了资源优势。

（二）区位条件独特

成渝地区位于中国东西交汇、南北结合的内陆地区，并通过长江贯通东部沿海地区，具备独特的区位条件。成渝地区是中国国家安全的大后方，经过抗日战争、“三线”建设和改革开放建设后已发展为承载国家安全的后方基地；成渝地区是生态安全的大屏障，事关长江流域乃至整个中华民族的生态安全；成渝地区是西部大开发的重要区域，对整个西部地区经济的发展具有集聚和辐射效应；成渝地区是长江上游经济带建设的重点区域，能依托长江、借力长三角地区、武汉等地，开发自身发展潜力，共谋长江上游经济带的发展。

---

① 林凌．共建繁荣 成渝地区发展思路研究报告［M］．北京：经济科学出版社，2005：75-76．

（三）产业具备一定基础

四川省的产业已具备一定的发展基础。在大力推进工业化进程中，四川省做强优势产业、做大潜力产业，形成了以电子信息产业、装备制造产业、能源电力产业、油气化工产业、钒钛钢铁产业、饮料食品产业、现代中药产业为特色的七大传统优势产业，和以航空航天产业、汽车制造产业、生物工程产业、新材料产业为补充的具有良好发展势头和发展前景的潜力型产业格局；农业经济形成了粮食、生猪、蔬菜（食用菌）、水果、茶叶、林竹、中药材等优势产业和蚕桑、花卉、烟叶、苎麻、糖料、生物质能源和桢楠（金丝楠）等特色产业；服务业初步形成了交通运输、仓储和邮政业、批发零售业、住宿餐饮业、旅游业等传统服务业，现代物流、金融服务、信息服务、会展等现代服务业，文化创意、服务外包、电子商务等新兴服务业。

重庆市的产业也具备一定的发展基础。重庆市逐渐形成了以重工业为特点，以电子信息、汽车摩托车、装备制造、化医、材料、轻纺和能源为主的“6＋1”支柱产业，并推进整机产业链、原材料产业链、成品产业链三种发展模式，带动产业转型升级，构建了具有核心竞争力的“6＋1”支柱产业体系。

（四）双核特大城市推动发展

成渝地区内有重庆市和成都市这两座特大城市，对成渝地区的发展具有极大的带动作用。2012 年成都市约有人口 1418 万人，面积为 12119 平方公里，是中国内陆最大的城市之一，地区生产总值为 8139 亿元，在全国副省级城市中排名第三，仅次于广州、深圳，一、二、三产业比例为4.3∶46.6∶49.1，服务业发达，是西部地区重要的商贸、金融和科技中心之一，中国重要的高新技术产业基地、现代制造业基地、现代服务业基地和现代农业基地，拥有国家级高新技术产业开发区和经济技术开发区，世界 500 强企业有 200 多家落户成都。[①] 2012 年重庆市人口总数约 2945 万人，面积为 82403 平方公里，是中国面积最大

① 百度百科. 成都. http://baike.baidu.com/view/2585.htm.

的城市，地区生产总值为 11459 亿元，在直辖市中排名第三；三次产业结构比为 8.2∶53.9∶37.9，重工业化发展明显；在 2012 年第十一届中国城市竞争力排行榜中名列第十名，是中国四大国际大都市之一，长江上游地区经济中心、金融中心和创新中心，及政治、航运、文化、科技、教育、通信等中心，全国综合交通枢纽，西部最大水、陆、空交通枢纽。① 成都和重庆犹如成渝地区发展的火车头，不仅吸引着国内外大量投资、企业入驻、产业转移、人才聚集，还对成渝地区内的其他区市县具有强大的辐射带动作用，直接带动和促进整个成渝地区的发展。

四、成渝地区经济发展劣势

（一）经济发展水平与东部沿海地区差距大

依据中国社会科学院倪鹏飞主编的《中国城市竞争力报告》，成渝地区的重要区域竞争力落后于长三角经济区、珠三角经济区和京津冀经济区。就地区生产总值而言，2012 年长三角经济区经济总量约为 108765 亿元，珠三角经济区经济总量约为 47850 亿元，京津冀经济区经济总量约为 52500 亿元，而成渝地区经济总量约为 3.2 万亿元，成渝地区经济总量均小于前三者；就人均生产总值而言，2012 年长三角经济区人均生产总值约为 69237 元，珠三角经济区人均生产总值约为 85279 元，京津冀经济区人均生产总值约为 49458 元，而成渝地区人均生产总值约为 32653 元，成渝地区人均生产总值均小于前三者；就地均生产总值而言，2012 年长三角经济区地均生产总值约为 5162 元/平方公里，珠三角经济区地均生产总值约为 11475 元/平方公里，京津冀经济区地均生产总值约为 2426 元/平方公里，而成渝地区地均生产总值约为 1552 元/平方公里，成渝地区地均生产总值均小于前三者；同时，成渝地区投入产出比、规模以上工业效益均低于长三角经济区、珠三角经济区和京津冀经济区，吸引投资能力相对较低。

---

① 百度百科. 重庆. http://baike.baidu.com/subview/2833/6922767.htm?fromId=2833&from=rdtself.

（二）面临工业化进程中期的诸多问题

无论按照霍夫曼的产业演进阶段评价标准还是库兹涅茨统计分析模型，都可以得出长三角和珠三角已进入工业化的中后期阶段，而成渝地区刚刚开始进入工业化的中期。① 在三次产业结构中，成渝地区农业发达，第一产业比重过高，分别高出长三角经济区和珠三角经济区超过十个百分点。在第二产业中，重庆市重化工业特征明显，重庆市轻、重工业比约为3∶7，资源消耗大，环境污染重，与国家中心城市差距较大②；成渝地区产业集聚、产业园区建设还处于加快发展阶段；成渝地区产业高端化发展和高端产业发展与东部沿海地区差距较大；在第三产业中，成渝地区工业金融、现代物流、总部经济等生产性服务业起步较晚，发展滞后。

（三）保护生态环境任务艰巨

成渝地区是我国长江上游生态安全保障区，肩负着保障长江流域生态安全的重任。由于自然原因和人为原因，成渝地区生态环境脆弱，水土流失、土地退化、植被破坏、流域水污染严重，成渝地区每年划拨大量资金用于防风固沙、水土保持、植树造林等生态建设，购买环保基础设施，增加污染治理投入等。同时，在经济建设中充分考虑环境影响，当经济增长与环境保护相冲突时，环境保护被优先考虑，宁愿牺牲经济利益也不能损害生态环境。为了确保长江流域生态安全，三峡库区在建设中执行最严格的环境保护政策，在产业选择中限制高污染高排放产业的引进，在建项目实行环境影响评价和“三同时”制度，任何污染环境的个人和企业都要被追究责任。

（四）交通制约经济快速发展

成渝地区地处内陆，与东部沿海发达地区相距2000公里以上，交通运输时间长、运输成本高，且许多外向交通路线还有待改造升级，交

---

① 林凌．共建繁荣 成渝地区发展思路研究报告［M］．北京：经济科学出版社，2005：78.

② 重庆市人民政府．重庆市工业转型升级“十二五”规划［Z］．2011.

通运输时间成本和经济成本直接导致成渝地区产品成本增加，产品竞争力削弱，吸引投资能力削弱；另外，长江水运常受到枯水季节和洪水影响，货物正常到岸时间无法保证，且水路运输时间长，一些有时间限制的货物难以选择水路运输；再者，成渝地区内城市之间运输直达性较低，交通不便捷，交通线路等级不高，交通一体化建设迫切，这些都制约了成渝地区经济的快速发展。

第四章　成渝地区资源环境与经济协调发展度测算与分析

第一节　成渝地区资源环境与经济协调发展评价指标体系

一、指标体系设计原则

环境对经济发展具有支撑作用，能为经济发展提供物质基础并吸纳经济发展带来的污染物；但环境系统对经济发展的承载能力是有限的，一旦经济系统对资源的消耗和污染物排放超出了环境承载能力，环境系统将会约束和抑制经济的发展。为了更好地研究环境系统与经济系统之间的协调发展状态，需要建立一个能全面表征环境系统状况和经济发展状况的指标体系。指标选取必须遵循的原则包括系统性原则、简明性原则、层次性原则和可操作性原则。

系统性原则：环境系统和经济系统是由众多要素构成的复杂系统，具有系统的要素、结构和功能特征。环境指标和经济指标的选择必须能系统地、客观地、有代表性地、有针对性地表征环境系统和经济系统的主要要素、特征、性质以及发展状况。

简明性原则：表征经济发展状况和环境系统特征的指标众多，指标的选取并不是越多越好，为了便于数据的收集和统计，应对指标进行必要的筛选，使选取的有限指标能够准确反映经济系统与环境系统的特征。

层次性原则：环境系统和经济系统是由系统要素按照一定规律构成的具有层次和类别的复杂系统。环境指标和经济指标应符合系统总体层面的分类和要求，并反映和体现具体层面的特征。

可操作性原则：表征环境质量的指标和表征经济发展状况的指标很多，但在指标数据的收集过程中，存在诸多现实难题。一是指标数据涉及近九年的数据统计，要保证近九年内数据均存在；二是指标涉及四川省和重庆市，但两省市部分指标统计口径不一致，导致四川省部分统计指标与重庆市部分统计指标不一致。因此，指标选取必须同时满足指标数据的可获得性和川渝两省市指标的一致性。

二、成渝地区资源环境与经济协调发展评价指标体系

构建科学、系统、简明、有层次和可操作的指标体系是进行经济与环境协调发展评价的前提和基础。首先，本研究收集、整理、分析、集成了指标体系的一级指标层，以期实现指标体系的系统性和科学性。经济指标体系按经济规模、经济活力、经济结构和经济效率细分为四个一级指标层，环境指标体系按照环境—资源—生态三个大类细分为水污染指标、大气污染指标、固体废弃物指标、环保投入指标、能源消耗指标、土地资源消耗指标、水资源消耗指标、生态指标八个一级指标层。其次，本研究按照一级指标层分类、梳理和汇总二级指标层指标，筛选并初步形成环境与经济协调发展评价指标体系。再次，在 2004—2015 年《中国统计年鉴》《四川统计年鉴》《重庆统计年鉴》《中国环境统计年鉴》中逐一查阅指标的统计数据，筛选和剔除 2003 年至 2014 年间数据有缺失的指标、变动性指标、川渝两省市统计口径不一致指标，最终建立了符合成渝地区统计数据要求、由 16 个二级经济指标和 16 个二级环境指标构成的成渝地区环境与经济协调发展评价指标体系（见表 4.1）。

表 4.1　成渝地区环境与经济协调发展评价指标体系

目标层	系统层	一级指标层	二级指标层	属性
成渝地区环境与经济协调发展评价指标体系	经济质量综合评价指标体系 X	经济规模指标 X_1	人均生产总值（元）	+
			人均财政收入（元）	+
			地区生产总值总量（亿元）	+
			人均固定资产投资（元）	+
			财政收入（万元）	+
			固定资产投资（万元）	+
		经济活力指标 X_2	地区生产总值增长率（%）	+
			财政收入增长率（%）	+
			固定投资增长率（%）	+
			对外出口增长率（%）	+
		经济结构指标 X_3	城镇化率（%）	+
			第二产业比重（%）	—
			第三产业比重（%）	+
		经济效率指标 X_4	社会消费品零售总额增长率（%）	+
			万元地区生产总值用水量（立方米/万元）	—
			万元地区生产总值能耗（吨标准煤/万元）	—
	环境质量综合评价指标体系 Y	水污染指标 Y_1	工业废水排放总量（万吨）	—
			工业废水排放达标量（万吨）	+
			生活污水排放量（万吨）	—
		大气污染指标 Y_2	工业废气排放总量（亿标立方米）	—
			SO_2 排放总量（吨）	—
		固体废弃物指标 Y_3	工业固体废弃物产生量（万吨）	—
			工业固体废弃物综合利用量（万吨）	+
			生活垃圾清运量（万吨）	+
		能源消耗指标 Y_4	能源消费总量（万吨标准煤）	—
		水资源消耗指标 Y_5	用水总量（亿立方米）	—
		土地资源消耗指标 Y_6	城市建设用地面积（平方公里）	—
		生态指标 Y_7	自然保护区个数（个）	+
			自然保护区面积（万公顷）	+
		环保投入指标 Y_8	环境污染治理投资总额（亿元）	+
			工业污染治理投资额（万元）	+
			环境污染治理投资占地区生产总值比重（%）	+

三、评价指标体系权重计算方法

目前，关于评价指标体系权重的计算方法比较多，大致可以分为主观评价法、客观分析法以及主观评价与客观分析相结合的分析方法。本书使用的权值计算方法是信息熵法。信息熵的概念应用于对系统的评价方面，具有较强的客观性。信息熵赋权法依据来源于客观环境的原始信息，通过分析各指标之间的关联程度即各指标所提供的信息量来决定指标的权重，在一定程度上避免了主观因素带来的偏差。[①] 信息熵赋权法确定指标权重的方法如下：设 $x_{i,j}$ 表示样本 i 的第 j 个指标的数值（$i=1$，2，…m；$j=1$，2，…n），其中 n 和 p 分别为样本个数和指标个数。

（1）对指标做比重变换：$s_{ij}=\dfrac{x_{ij}}{\sum\limits_{i=1}^{n}x_{ij}}$；

（2）计算指标的熵值：$h_j=-\sum\limits_{i=1}^{n}s_{ij}\ln s_{ij}$；

（3）将熵值标准化：$a_j=\max\limits_{j}h_j/h_j$（$a_j\geqslant 1$）（$i=1$，2，…$m$）；

（4）计算指标 x_j 的权重：$\bar{\omega}_j=\dfrac{a_j}{\sum\limits_{j=1}^{m}a_j}$。

第二节 成渝地区资源环境与经济协调发展度评价模型

一、资源环境与经济协调度评价模型

从系统论的角度来看，协调主要表现为系统内部要素及系统之间由

① 李艳．环境—经济系统协调发展分析与评价研究［D］．天津：河北工业大学，2002．

低级到高级，由简单到复杂，由无序到有序的总体演化过程。[①] 按照协调定义，设正数 x_1，x_2，$\cdots x_m$ 为描述复杂系统中的一个子系统特征的 m 个指标；设 y_1，y_2，$\cdots y_n$ 为描述另一个子系统特征的 n 个指标，则分别称函数 $F(x)=\sum^{m} a_i x_i'$，$F(y)=\sum^{n} b_i y_i'$ 为综合评价子系统的效益函数，式中，a_i、b_i 为各个指标的待定权数或政策系数，它们是所选取的指标在综合评价中所占的重要程度。x_i' 的取值由下式给出：

$$x_i'=\begin{cases}(x_i-\beta)/(a-\beta)；\text{其具有正功效}\\(a-x_i)/(a-\beta)；\text{其具有负功效}\end{cases}$$

y_i' 的取值有类似的方法。根据前面对协调的理解，引入物理学中的容量协调系数模型：

$$C_n=\{(F_1\cdot F_2\cdot\cdots\cdot F_n)/\prod(F_i+\mathrm{F_j})\}^{1/n}$$

式中：协调度值 $C\in[0,1]$。由于本书度量的是由环境和经济两个子系统构成的协调模型，故 n 取 2（见表 4.2）。

表 4.2　协调度等级划分

协调度 C	[0−0.2)	[0.2−0.4)	[0.4−0.5)
协调度等级	严重失调	中度失调	轻度失调
协调度 C	[0.5−0.6)	[0.6−0.8)	[0.8−1]
协调度等级	初级协调	中级协调	优良协调

二、资源环境与经济协调发展度评价模型

协调度反映系统之间或者系统内部要素间和谐一致的属性。但是，协调度却很难反映两个子系统之间的整体功能或综合效益的大小。因此，根据本书研究问题的需要，为了更好地对两个子系统的协调发展程度进行评判，引入如下协调发展度模型[②]：

① 李艳. 环境—经济系统协调发展分析与评价研究［D］. 天津：河北工业大学，2002：17.

② 廖重斌. 环境与经济协调发展的定量评价及其分类体系［J］. 热带地理，1999（6）：171−177.

$T=\alpha F(x)+\beta F(y); C=\{F(x)\times F(y)/[(F(x)+F(y))/2]\}^{k}$；

$D(x,y)=\sqrt{C\times T}$

式中，T 为两个子系统演化的综合发展指标，其反映两者之间的综合水平。α 和 β 是两个系统之间对综合发展中所占的权重即两者对总体的重要程度。C 为协调指数，反映两子系统之间的协调或协调程度，k 为协调系数。D（x，y）为协调发展度，表示两个子系统综合发展效益 F（x）$+F$（y）一定条件下，为使复合效益 F（x）$\times F$（y）最大，两系统之间进行协调的数量程度。$T\in$（0，1），即 $D\in$（0，1），且 D 越趋近于 1 时，协调发展度越大，反之越小（见表 4.3）。

表 4.3　协调发展度等级划分[①]

协调发展度	协调发展类型	协调发展类型细分
[0-0.2)	严重失调发展	当 F（X）＞F（Y），严重失调发展环境损益型
		当 F（X）=F（Y），严重失调发展环境经济同步型
		当 F（X）＜F（Y），严重失调发展经济滞后型
[0.2-0.4)	中度失调发展	当 F（X）＞F（Y），中度失调发展环境损益型
		当 F（X）=F（Y），中度失调发展环境经济同步型
		当 F（X）＜F（Y），中度失调发展经济滞后型
[0.4-0.5)	轻度失调发展	当 F（X）＞F（Y），轻度失调发展环境损益型
		当 F（X）=F（Y），轻度失调发展环境经济同步型
		当 F（X）＜F（Y），轻度失调发展经济滞后型
[0.5-0.6)	轻度协调发展	当 F（X）＞F（Y），轻度协调发展环境损益型
		当 F（X）=F（Y），轻度协调发展环境经济同步型
		当 F（X）＜F（Y），轻度协调发展经济滞后型
[0.7-0.8)	中度协调发展	当 F（X）＞F（Y），中度协调发展环境损益型
		当 F（X）=F（Y），中度协调发展环境经济同步型
		当 F（X）＜F（Y），中度协调发展经济滞后型
[0.8-1]	优良协调发展	当 F（X）＞F（Y），优良协调发展环境损益型
		当 F（X）=F（Y），优良协调发展环境经济同步型
		当 F（X）＜F（Y），优良协调发展经济滞后型

① 廖重斌．环境与经济协调发展的定量评价及其分类体系 [J]．热带地理，1999（6）：171-177.

第三节　成渝地区资源环境与经济协调发展度测算结果

一、数据来源及处理

各指标数据来源于2003—2015年《中国统计年鉴》《四川省统计年鉴》《重庆市统计年鉴》和《中国环境统计年鉴》。由于二级指标的原始数据来源和类型不尽相同，具有不同的量纲，其数据级的相差也比较大，指标间没有统一的度量标准将会导致不能直接进行比较。为了使各种不同的指标能够综合起来反映经济与环境的协调发展度状况，本书采用归一化方法（见协调度理论模型）对各个指标进行无量纲处理，清除计量单位的影响。在收集数据的过程中，少数年份数据存在缺失现象，本书使用样条差值的方法进行数值估计，文中的算法由Matlab7.0软件实现。

为了研究成渝地区环境与经济综合发展水平之间的协调状态，本书使用协调度和协调发展度模型分别对四川省、重庆市以及成渝地区环境与经济协调发展状况进行了定量测算，并对测算结果进行了经济学分析，从而为环境与经济协调发展提供了决策支持。

二、四川省资源环境与经济协调发展状况分析

根据上述经济指标数据、环境指标数据、协调度模型、协调发展度模型、计算方法等，计算出四川省2003年至2014年十余年经济发展指数、环境发展指数、环境与经济综合发展指数、环境与经济协调度和协调发展度等度量四川省环境与经济协调发展状况的数据（见表4.4）。

表 4.4　四川省环境与经济协调发展状况

年份	F（X）（经济指数）	F（Y）（环境指数）	T（环境经济综合指数）	C（协调度）	D（协调发展度）	协调度类型	协调发展度类型
2003	0.172	0.361	0.248	0.054	0.116	严重失调	经济滞后型严重失调发展
2004	0.190	0.418	0.281	0.068	0.139	严重失调	经济滞后型严重失调发展
2005	0.231	0.459	0.322	0.095	0.175	严重失调	经济滞后型严重失调发展
2006	0.281	0.379	0.320	0.104	0.183	严重失调	经济滞后型严重失调发展
2007	0.369	0.433	0.395	0.159	0.250	严重失调	经济滞后型中度失调发展
2008	0.364	0.499	0.418	0.177	0.272	严重失调	经济滞后型中度失调发展
2009	0.434	0.497	0.459	0.214	0.314	中度失调	经济滞后型中度失调发展
2010	0.449	0.461	0.454	0.207	0.307	中度失调	经济滞后型中度失调发展
2011	0.542	0.535	0.539	0.290	0.395	中度失调	环境滞后型中度失调发展
2012	0.636	0.581	0.614	0.369	0.476	中度失调	环境滞后型轻度失调发展
2013	0.632	0.679	0.651	0.428	0.528	轻度失调	经济滞后型轻度失调发展
2014	0.689	0.725	0.704	0.499	0.593	轻度失调	经济滞后型轻度失调发展

通过分析可以发现四川省近十余年来环境与经济发展呈现出以下特征：

从图 4.1 四川省经济发展指数与生态环境指数的演化趋势中可以看出：2003—2014 年四川省经济发展综合指数呈明显上升趋势，但个别年份经济发展综合指数出现小幅度的波动；2003—2007 年经济综合指数增长迅速，2008 年受汶川大地震影响，经济综合指数停止增长并呈现小幅度降低，与 2007 年相比，经济综合指数从 0.369 降至 0.364；

2009 年开始，四川省经济综合指数又呈明显上升态势。环境综合指数是环境质量的综合体现，而四川省环境综合指数在小幅波动中整体呈现上升态势，2003—2010 年四川省环境质量出现有升有降的波动发展状况，而 2011 年以来四川省环境质量明显改善。

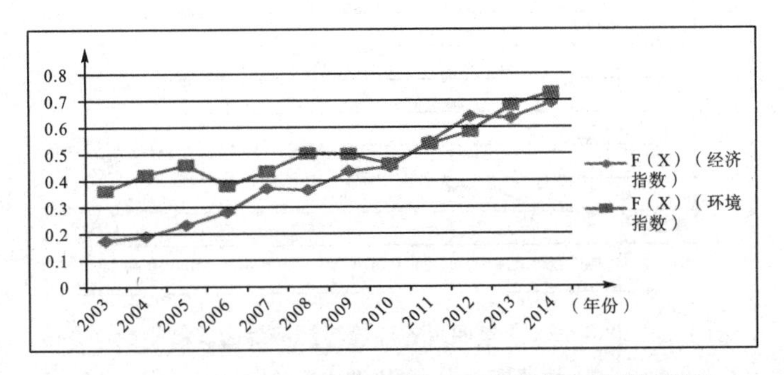

图 4.1　2003—2014 年四川环境发展指数与经济发展指数

从图 4.2 可以看出，从 2003 年到 2009 年，四川省经济环境综合发展指数（T），协调度（C）以及协调发展度（D）都在稳步增加，并具有很强的趋同性，这说明四川省经济发展与生态环境相互产生了良性作用，呈现良性发展态势，四川省在没有严重生态环境破坏的前提下，努力发展经济，这也符合四川省打造生态田园城市的战略。然而，2003 年至 2014 年四川省协调度等级和协调发展度等级显示，四川省生态环境和经济发展的协调度和协调发展度很低，此期间所有年份协调度和协调发展度均处于失调状态。在四川省协调度和协调发展度均处于失调状态下，随着时间的演进，生态环境与经济发展失调类型也在发生变化。2003—2006 年，四川省经济发展水平相对落后，经济发展水平滞后于生态环境状况，而生态环境能够为经济发展提供充裕、安全的生态环境支撑，生态环境与经济发展失调的主要特征是经济发展水平滞后，导致协调度和协调发展度处于严重失调状态；随着经济发展水平的提升，2007—2010 年协调发展度特征表现为经济滞后型中度失调状态，失调状态略微缓和；2011—2014 年随着经济质量和环境质量的大幅改善，失调类型从环境滞后型中度失调进一步减轻至经济滞后型轻度失调。实证分析表明，四川省经济发展水平起步较低，经济滞后导致环境经济失调是四川省近十年环境与经济协调发展状态的主要矛盾和特征，生态环境保护与经济发展没有得到“并重”和“同步”的问题比较突出和严重，但随着经济质量的提升和追赶，失调程度逐渐从严重失调降低至轻度失调，逐步趋近于协调发展。

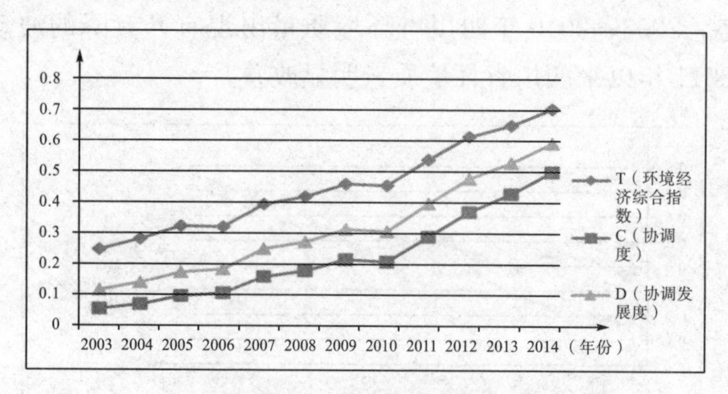

图 4.2　2003—2014 年四川省环境与经济综合发展指数（T）、协调度（C）和协调发展度（D）

三、重庆市资源环境与经济协调发展状况分析

重庆市作为全国四个直辖市之一，近几年经济发展迅速，同时重庆又是一个生态系统比较复杂的城市，其北部、东部及南部分别有大巴山、巫山、武陵山、大娄山环绕，河流有长江、嘉陵江、乌江、涪江、綦江、大宁河等。处理好经济发展与生态环境之间的关系，是重庆市面临的重要课题之一。本研究计算出重庆市 2003 年至 2014 年十余年间经济发展指数、环境发展指数、环境与经济综合发展指数、环境与经济协调度和协调发展度等度量重庆市环境与经济协调发展状况的数据（见表 4.5）。

表 4.5　重庆市环境与经济协调发展状况

年份	F（X）（经济指数）	F（Y）（环境指数）	T（环境经济综合指数）	C（协调度）	D（协调发展度）	协调度类型	协调发展度类型
2003	0.150	0.361	0.235	0.045	0.103	严重失调	经济滞后型严重失调发展
2004	0.190	0.341	0.250	0.059	0.122	严重失调	经济滞后型严重失调发展

续表4.5

年份	F（X）（经济指数）	F（Y）（环境指数）	T（环境经济综合指数）	C（协调度）	D（协调发展度）	协调度类型	协调发展度类型
2005	0.189	0.350	0.254	0.060	0.124	严重失调	经济滞后型严重失调发展
2006	0.214	0.287	0.243	0.060	0.121	严重失调	经济滞后型严重失调发展
2007	0.290	0.470	0.362	0.129	0.216	严重失调	经济滞后型中度失调发展
2008	0.299	0.476	0.370	0.135	0.224	严重失调	经济滞后型中度失调发展
2009	0.326	0.481	0.388	0.151	0.242	严重失调	经济滞后型中度失调发展
2010	0.533	0.568	0.547	0.302	0.406	中度失调	经济滞后型轻度失调发展
2011	0.576	0.658	0.609	0.377	0.479	中度失调	经济滞后型轻度失调发展
2012	0.636	0.622	0.630	0.395	0.499	中度失调	环境滞后型轻度失调发展
2013	0.675	0.642	0.662	0.433	0.536	轻度失调	环境滞后型轻度失调发展
2014	0.780	0.631	0.721	0.487	0.592	轻度失调	环境滞后型轻度失调发展

进一步分析发现，重庆市十余年来环境与经济发展呈现以下特征：

第一，通过分析重庆市经济发展指数，可以看出重庆市经济发展从2003年以来一直处于快速增长阶段，经济发展综合指数值从2003年的0.150增长到2014年的0.780，其中，仅在2005年经济略微走低，随后，2006年和2007年经济又快速增长，2008年受国际金融危机的影响经济增长缓慢，基本保持平稳态势，随后经济又开始高速增长，2011年以来经济持续高速增长。

第二，通过分析重庆市环境综合指数，可以看出重庆市生态环境实现了先污染后治理、再改善的变化，2003年至2006年期间，重庆市环境质量不断恶化，2006年达到环境综合指数最低值，随后2007年以来得到大幅改善（如图4.3所示）。

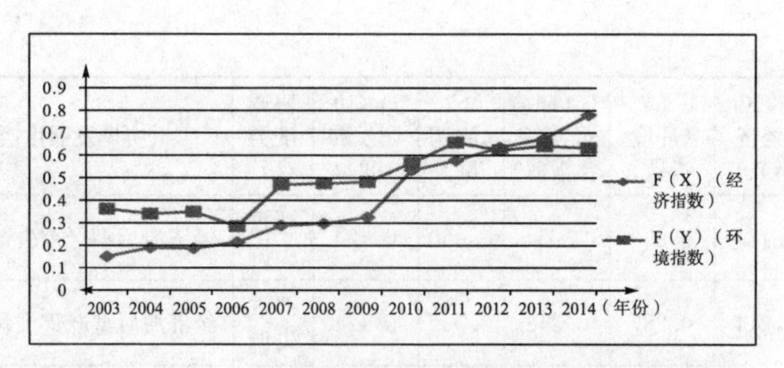

图 4.3　2003—2014 年重庆市环境发展指数与经济发展指数

第三，通过分析环境与经济综合发展指数、协调度和协调发展度数据，可以看出重庆市环境与经济综合发展指数、协调度和协调发展度均呈上升趋势，在上升趋势中体现三大阶段性。2003—2006 年，环境与经济综合发展指数、协调度、协调发展度很低且增长不明显；2007—2009 年环境与经济综合发展指数、协调度和协调发展度增速明显，进步较快；2010—2014 年，环境与经济综合发展指数、协调度和协调发展度大幅度提高，2014 年环境与经济综合发展指数高达 0.721，主要得益于在此期间生态环境质量和经济发展水平都得到迅猛发展，因此环境与经济综合发展指数也相应地大幅度提高。

第四，从协调度和协调发展度数据分析，可以看出重庆市经济发展与生态环境协调度和协调发展度具有两大特征，一是十余年来重庆市环境与经济一直处于失调发展状态；二是环境与经济的失调状态不断减轻，从严重失调逐渐降低至轻度失调再进入轻度失调，环境与经济在失调状态下呈现良性发展态势；三是比较生态环境指数和经济指数，可以看出经济发展指数高于生态环境指数，说明重庆市经济得到快速发展，经济发展速度相对快于生态环境保护力度，经济发展带来环境损益，环境保护滞后于经济发展，重庆市环境与经济失调主要表现为环境滞后带来的失调，重庆市经济建设仍然面临生态环境保护的现实、紧迫的问题。

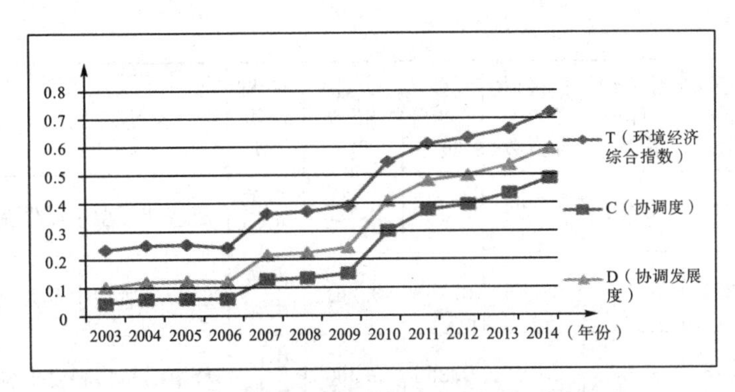

图 4.4　2003—2014 年重庆市环境与经济综合发展指数（T）、协调度（C）和协调发展度（D）

四、成渝地区资源环境与经济协调发展状况分析

本书对四川省和重庆市的统计数据进行了统一口径的汇总处理，并根据上述模型和方法，计算出成渝地区 2003 年至 2014 年十余年经济发展指数、环境发展指数、环境与经济综合发展指数、环境与经济协调度和协调发展度等度量重庆市环境与经济协调发展状况的数据（见表 4.6）。

表 4.6　成渝地区环境与经济协调发展状况

年份	F（X）（经济指数）	F（Y）（环境指数）	T（环境经济综合指数）	C（协调度）	D（协调发展度）	协调度类型	协调发展度类型
2003	0.156	0.378	0.245	0.049	0.109	严重失调	经济滞后型严重失调发展
2004	0.186	0.402	0.272	0.065	0.133	严重失调	经济滞后型严重失调发展
2005	0.217	0.433	0.303	0.083	0.159	严重失调	经济滞后型严重失调发展
2006	0.241	0.364	0.290	0.084	0.156	严重失调	经济滞后型严重失调发展
2007	0.329	0.411	0.362	0.134	0.220	严重失调	经济滞后型中度失调发展

续表4.6

年份	F(X)（经济指数）	F(Y)（环境指数）	T（环境经济综合指数）	C（协调度）	D（协调发展度）	协调度类型	协调发展度类型
2008	0.316	0.457	0.372	0.140	0.228	严重失调	经济滞后型中度失调发展
2009	0.371	0.457	0.405	0.168	0.261	严重失调	经济滞后型中度失调发展
2010	0.518	0.492	0.508	0.255	0.360	中度失调	环境滞后型轻度失调发展
2011	0.536	0.560	0.545	0.299	0.404	中度失调	经济滞后型轻度失调发展
2012	0.631	0.617	0.625	0.389	0.493	中度失调	环境滞后型轻度失调发展
2013	0.689	0.650	0.673	0.447	0.549	轻度失调	环境滞后型轻度失调发展
2014	0.733	0.644	0.698	0.470	0.573	轻度失调	环境滞后型轻度失调发展

（1）2003—2014年成渝地区、四川省、重庆市环境质量、经济质量、协调度、协调发展度均实现优化提升，经济快速增长，环境持续改善，协调度和协调发展度不断提高；成渝地区环境与经济协调度在（0—0.5）区间内呈增长态势，经济发展与环境保护整体失调，但失调程度降低，逐步趋近于协调发展；成渝地区环境与经济协调发展度从（0—0.5）区间增长到［0.5—0.6）区间，协调发展度从失调发展逐步优化为初级协调发展（如图4.5所示）。

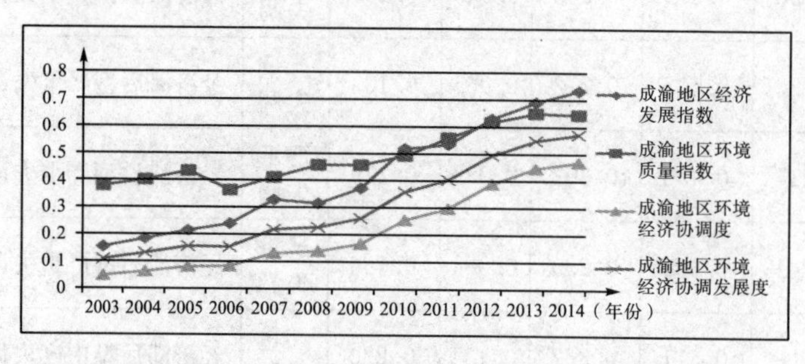

图4.5　2003—2014年成渝地区环境与经济协调度评价

（2）重庆市近五年经济发展质量显著提升，2010—2014年重庆市经济发展质量赶超并优于四川省；四川省环境保护起步早、污染防治成效明显，近四年环境质量改善大，重庆市环境质量在污染—治理中曲折改善，2013—2014年四川省环境质量优于重庆市；2009年以来重庆市环境经济综合发展质量大幅提高，近五年重庆市环境经济综合发展质量优于四川省。

2003—2014年成渝地区经济发展迅速，经济发展质量大幅提升（2008年除外，汶川大地震给区域经济带来负面影响）。重庆市经济发展基础次于四川省，2003—2009年重庆市经济发展质量低于四川省。2009年以来中共中央、国务院对重庆市实施一系列重大政策支持，重庆市经济增长势头强劲。2009年国务院发布《国务院关于推进重庆市统筹城乡改革和发展的若干意见》（国务院2009年3号）文件，将重庆市确定为“国家统筹城乡综合配套改革试验区”，2010年，中国第三个副省级新区、中西部第一个国家级新区——两江新区正式挂牌成立，2013年我国最大的内河水、铁、公联运枢纽港果园港开港，一系列重大经济政策推动重庆市经济发展质量显著提升，2010—2014年，重庆市经济发展质量赶超并优于四川省（如图4.6所示）。

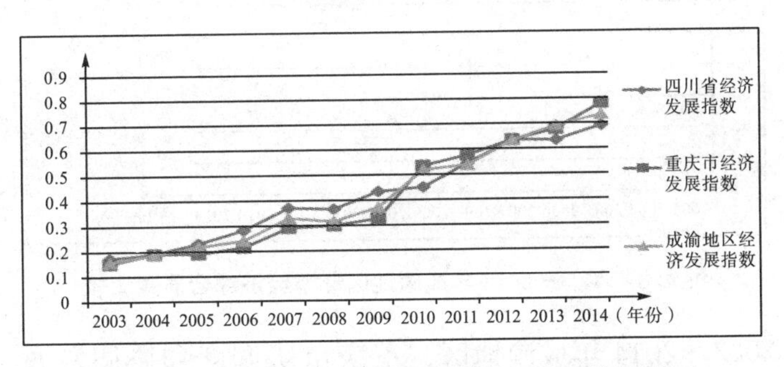

图4.6　2003—2014年成渝地区经济发展质量比较

2003—2014年成渝地区环境质量在略微波动中不断改善，2003—2006年，成渝地区环境质量略微下降，2007—2014年成渝地区环境质量明显提升。重庆市环境保护经历了先污染—后治理的重要转变，环境质量实现了环境恶化—环境改善—不断提高—相对稳定，重庆市环境质量在曲折波动中不断改善。四川省环境质量实现了环境改善—环境污染—环境优化—环境大幅优化。四川省环境保护起步比重庆市早，起步阶段环境保护成效大，近几年四川省环境质量大幅提升，2013—2014年四川省环境质量优于重庆市（如图 4.7 所示）。

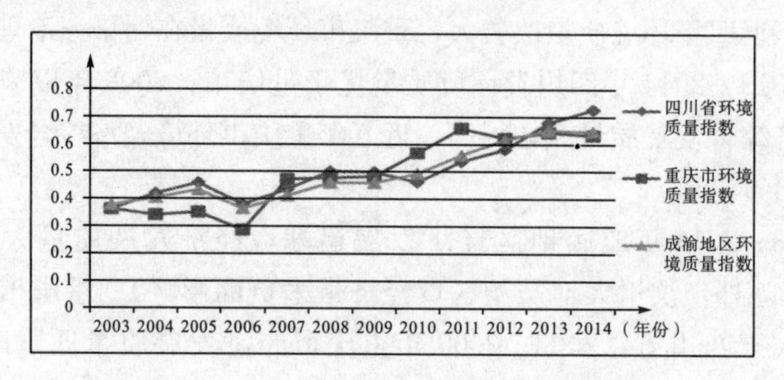

图 4.7　2003—2014 年成渝地区环境质量比较

2003—2014 年成渝地区环境经济综合发展质量不断提升，2003—2009 年四川省环境经济综合发展质量高于重庆市，2010—2014 年重庆市环境经济综合发展质量增速明显，近五年重庆市环境经济综合发展质量整体优于四川省，其环境经济综合效益赶超四川省（如图 4.8 所示）。

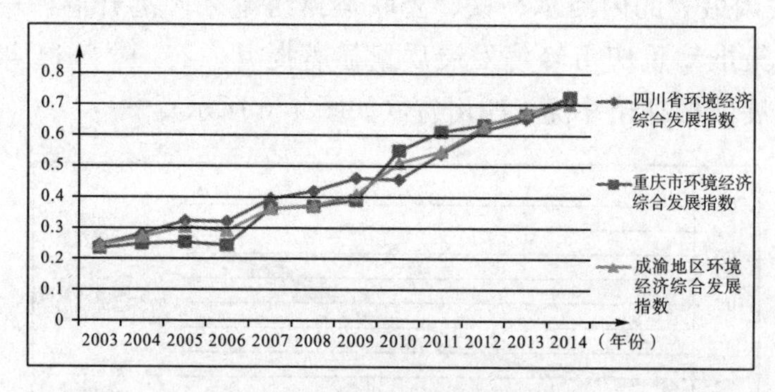

图 4.8　2003—2014 年成渝地区环境经济综合质量比较

（3）2003—2014 年成渝地区、重庆市协调度和协调发展度均经历了从经济滞后型向环境滞后型的转变，而四川省协调度和协调发展度经历了从经济滞后型向环境滞后型再向经济滞后型的演变轨迹（见表 4.7、4.8、4.9）

表 4.7 2003—2014 年成渝地区环境与经济协调度、协调发展度类型细分

区域		年份			
		2003—2009	2010	2011	2012—2014
成渝地区	协调度	经济滞后型	环境滞后型	经济滞后型	环境滞后型
	协调发展度				
	发展特征	从经济滞后型向环境滞后型转变			

表 4.8 2003—2014 年重庆市环境与经济协调度、协调发展度类型细分

区域		年份	
		2003—2011	2012—2014
重庆市	协调度	经济滞后型	环境滞后型
	协调发展度		
	发展特征	从经济滞后型向环境滞后型转变	

表 4.9 2003—2014 年四川省环境与经济协调度、协调发展度类型细分

区域		年份		
		2003—2010	2011—2012	2013—2014
四川省	协调度	经济滞后型	环境滞后型	经济滞后型
	协调发展度			
	发展特征	从经济滞后型向环境滞后型再向经济滞后型转变		

（4）成渝地区、四川省、重庆市经济发展和环境质量的双提升表现为三区域协调发展度值不断增大并高于协调度值，2013—2014 年三区域同步进入初级协调发展阶段；区域差异性表现在 2003—2009 年四川省协调度和协调发展度高于重庆，2010—2013 年重庆市协调度和协调发展度高于四川省，2014 年四川省协调度和协调发展度高于重庆市（见表 4.10、4.11）。

表 4.10 2003—2014 年成渝地区环境与经济协调度值、协调发展度值

年份	四川省		重庆市		成渝地区	
	协调度	协调发展度	协调度	协调发展度	协调度	协调发展度
2003	0.054	0.116	0.045	0.103	0.049	0.109
2004	0.0682	0.139	0.059	0.122	0.065	0.133
2005	0.095	0.175	0.060	0.124	0.083	0.159
2006	0.104	0.183	0.060	0.121	0.084	0.156
2007	0.159	0.250	0.129	0.216	0.134	0.220
2008	0.177	0.272	0.135	0.224	0.140	0.228
2009	0.214	0.314	0.151	0.242	0.168	0.261
2010	0.207	0.307	0.302	0.406	0.255	0.360
2011	0.290	0.395	0.377	0.479	0.300	0.404
2012	0.369	0.476	0.395	0.499	0.389	0.493
2013	0.428	0.528	0.433	0.536	0.447	0.549
2014	0.500	0.593	0.487	0.592	0.470	0.573

表 4.11 2003—2014 年成渝地区协调度值、协调发展度值比较

年份	协调度比较	协调发展度比较	协调度、协调发展度比较特征
2003—2009	四川省＞成渝地区＞重庆市	四川省＞成渝地区＞重庆市	四川省环境与经济协调性、协调发展性最强，其次是成渝地区，再次是重庆市
2010—2012	重庆市＞成渝地区＞四川省	重庆市＞成渝地区＞四川省	重庆市环境与经济协调性、协调发展性最强，其次成渝地区，再次是四川省
2013	成渝地区＞重庆市＞四川省	成渝地区＞重庆市＞四川省	受重庆市经济快速增长和四川省环境持续改善推动，成渝地区环境与经济协调度和协调发展度超过四川省和重庆市
2014	四川省＞重庆市＞成渝地区	四川省＞重庆市＞成渝地区	四川省环境与经济协调性、协调发展性进一步增强，其次重庆市，再次是成渝地区

第四节　成渝地区资源环境与经济协调发展度测算的结论与局限性

一、成渝地区资源环境与经济协调发展度测算的结论

成渝地区环境与经济协调发展度测算结果表明：

第一，成渝地区环境与经济协调发展评价总体特征是，2003—2014年成渝地区、四川省、重庆市经济快速增长，环境持续改善，环境与经济失调程度不断降低且趋近于初级协调，协调发展度从2003—2012年的失调发展逐步优化为2013—2014年的初级协调发展。

第二，成渝地区环境与经济协调发展区域差异性表现在：四川省环境保护实现环境改善—环境污染—环境优化—环境大幅优化的平稳发展，重庆市环境质量经历环境恶化—环境改善—不断提高—相对稳定的曲折发展，四川省“一头一尾”环境质量优于重庆市；2003—2009年四川省经济发展质量、环境经济综合发展质量、协调度、协调发展度优于重庆市，2010—2014年重庆市经济发展质量、环境经济综合发展质量优于四川省，2010—2013年重庆市协调度和协调发展度高于四川省，2014年四川省协调度和协调发展度高于重庆市。

第三，成渝地区环境与经济协调发展阶段性特征表现在：2003—2014年成渝地区、重庆市协调度和协调发展度均经历了从经济滞后型向环境滞后型的转变，而四川省经历了从经济滞后型向环境滞后型再向经济滞后型的演变轨迹。

二、成渝地区资源环境与经济协调发展实证研究的局限性

第一，在对2003—2014年成渝地区环境指标数据的收集过程中，

出现了两个限制条件，进而影响到环境指标的筛选。第一个问题是指标数据涉及四川省和重庆市，两省市在部分环境指标的统计口径上是一致的，而部分环境指标的统计口径不一致，因此，本书选择的环境指标必须同时满足能在四川省和重庆市分别都有统计数据的前提。第二个问题是，环境指标数据涉及 2003 年到 2014 年的 12 年时间，而在这期间，我国环境管理在不断完善，环境统计口径也在发生变化，过去小部分环境统计指标在近几年已经不再出现在统计年鉴中，因此，筛选出的环境指标必须满足指标数据在近 12 年中持续存在。在这两个限制条件下选出的环境指标及其统计数据已经在一定程度上使统计结果影响到对 2003—2014 年环境质量的准确、全面、真实的反映，但这些缺陷也是我们已尽力解决但仍无法完美解决的问题。

第二，成渝地区具体范围包括重庆市的渝中、万州、黔江、涪陵、大渡口、江北、沙坪坝、九龙坡、南岸、北碚、綦江、大足、渝北、巴南、长寿、江津、合川、永川、南川、潼南、铜梁、荣昌、璧山、梁平、丰都、垫江、忠县等 27 个区（县）以及开州、云阳的部分地区，四川省的成都、自贡、泸州、德阳、绵阳（除北川县、平武县）、遂宁、内江、乐山、南充、眉山、宜宾、广安、达州（除万源市）、雅安（除天全县、宝兴县）、资阳等 15 个市，本研究中成渝地区的统计数据是依据四川省和重庆市统计数据整理而来，而事实上成渝地区数据与川渝两省市数据存在一定偏差。

第三，随着工业化和城镇化的加速推进，我国环境问题出现“压缩型、复合型”特征，许多在发达国家工业化后期才会出现的新的环境公害已经在我国出现，比如雾霾、地下水污染、重金属污染等。然而，我国环境监测设施和环境监测水平没有随着新的环境问题的出现而得到全面完善和提升，水土流失、沙化、土壤污染、地下水污染、PM2.5 等诸多环境污染指标没有纳入《中国统计年鉴》《中国环境统计年鉴》《四川统计年鉴》《重庆统计年鉴》等的统计范围，这些新的污染指标结果没有纳入也影响到本书对全面反映环境质量指标和数据的选取和收集。事实上，成渝地区流域水环境污染、大气污染、水土流失、土地退化、农村面源污染问题比本书的研究更复杂。比如，近期国家启动了对全国 192 个城市的 PM2.5 实时监测，但监测范围仅局限于环保重要城市，并没有在全国范围内展开，且监测结果尚未进入统计年鉴。以空气重污染城市排名前 50 名的城市为例，成渝地区有 7 个城市，分别是成都、重庆、德阳、宜宾、泸州、自贡、南充，说明成渝地区部分城市空气质量较差。然而，尽管这些新型环境污染问题已经严重影响到人们的生产和生活，但由于监测范围和监测水平有限，目前仅有的成渝地区几个重要城市的现有空气质量监测数据不能反映整个成渝地区的大气环境质量，因此，由于新型环境问题的环境质量数据的有限性和无法获取，本书也没有将这些新型环境问题的环境指标数据纳入模型测算范围，导致本书中描述的环境综合质量状况不能完全反映当前成渝地区的环境质量。当前成渝地区环境质量综合指数比本书的统计还要低。

第五节　成渝地区资源环境与经济不协调发展原因分析

环境系统与经济系统之间互相作用、互相影响，发生着千丝万缕的联系。从经济学角度分析得出环境与经济失调的原因是多方面的。从经济发展对环境的影响入手，经济高速发展带来了日益严重的资源短缺、环境恶化问题，具体而言，成渝地区经济总量的增长、产业结构的工业化和重化工业特征、产业布局的不合理、生产性消费和生活性消费的不可持续等多重原因导致环境保护滞后于经济发展；从环境保护的市场作用出发，环境保护存在市场失灵，市场无法解决环境作为公共产品、负外部性的问题；从环境保护的政府作用出发，环境保护中存在政府失灵，成渝地区环境保护还急需加强，另外环保投入不足、环境治理体制机制运行不力、环境经济政策缺乏推广等原因也导致环境治理的滞后。

一、经济活动加剧环境污染和资源消耗

成渝地区的经济活动带来资源的大量消耗和环境污染。第一，近年来成渝地区经济总量不断增大，资源消耗总量随之相应增加并伴随环境污染。第二，近年来成渝地区第二产业比重不断增加，且重化工业特征

明显，工业化和重化工业污染排放大。第三，成渝地区经济发展方式粗放，许多行业还依赖于资源的大量消耗和劳动力的大量投入，劳动密集型、资源消耗型产业特征依旧突出，产业发展的技术、人才、科技、管理支撑不足，产业现代化、信息化、生态化程度不高，产业多处于价值链低端环节，产业利润不高，且资源消耗大、环境污染重，可持续性不强。第四，环保投入低，难以促进生态环境的修复和改善。近年来环境污染治理投资不足地区生产总值的2%，虽然环保投资在抑制环境进一步恶化方面发挥了重要作用，但环保投入仍然低于国际划定的促进生态环境质量提高的环保投入标准，难以实现环境质量的持续改善。第五，成渝地区的消费方式没有实现低碳化、绿色化变革，近年来能源消费总量、水资源消费总量、城市建设用地量不断增加，消费效率和消费结构都还有待优化。第六，部分地区产业布局由于建厂年代久远、缺乏规划指导、忽视环境影响等因素，出现了沿重要江河流域、在城区上风上水区域、在生态保护区域设立工业企业，且产业布局分散、不集中、不成园区的现象，其产业布局不符合国家《主体功能区划》和《生态功能区划》的原则和思想，带来了资源浪费和生态环境的破坏。

二、资源环境保护遭遇“市场失灵”

环境具有公共品属性。公共品是指可以供大家共同使用的物品。环境是公共品，具有非竞争性和非排斥性，身处环境中的所有人均有权利自由享有环境，例如新鲜的空气、温暖的阳光、清洁的水源，等等。但是，人们在享受公共环境的同时，却也在给环境带来破坏，例如大气污染、水污染、固体废弃物排放，等等。也正是因为环境的公共品属性，在环境问题产生过程中“搭便车”现象普遍，个人并未将环境当作私人物品来保护，而是任由公共物品的消耗和破坏，这就导致环境游离于个人保护之外，产生类似于“公地的悲剧”的情形，这也迫切需要公共品的管理者——政府来行使管理环境的职责。

经济活动具有外部性。外部性是对生产、消费等经济活动带来私人成本与社会成本、私人收益与社会收益不一致现象的理论解释，当私人成本大于社会成本、私人收益小于社会收益时，是正外部性；当私人成本小于社会成本、私人收益大于社会收益时，是负外部性。生产活动带来的污染排放就是环境负外部性的表现。市场主体在生产活动中排放污染物，污染物排放到环境中，对环境质量产生负面影响，使环境系统受到损失，而环境系统受到的损失并没有通过价格杠杆传递给生产活动经营者，生产成本中没有包括环境污染的成本，市场主体并没有负担因为污染物排放对环境系统造成的损失。这样的经济活动就导致私人成本与社会成本的不一致。市场主体受利益诱导，企业社会环境责任缺失，在追求经济效益最大化的过程中，尽量减少成本和扩大收益，必然会持续导致环境负外部性的产生，环境问题日益突出，环境质量不断恶化。

三、资源环境保护遭遇“政府失灵”

环境具有公共品和外部性属性，使环境无法像其他普通商品那样参与市场交换，价格机制和竞争机制也无法运行，环境问题遭遇“市场失灵”，迫切需要政府这只手来行使治理环境的责任。但在环境问题上，政府也存在政策失灵和管理失灵，政策失灵表现在政策制定不恰当、不合理，管理失灵表现在政策难以落实、寻租行为等。

政府制定的环境政策包括环境经济政策和环境管制政策。我国一贯采用行政命令型的管制手段加强环境保护，比如环境影响评价制度、“三同时”制度、污染限期治理制度等，这些制度对环境保护的作用明显、强制性强、见效快，但环境管制政策也存在诸多缺陷，比如行政管理成本高、难以激发污染治理积极性等。环境经济政策是国际社会通用的管理环境问题最有效的政策措施，能提高企业和个人污染治理积极性，大大减少环境行政管理成本，促进企业和个人改进生产工艺和节能降耗，但我国仅将环境经济政策作为环境管制政策的补充手段，环境经济政策在我国环境保护中发挥的作用有限。环境经济政策中的排污收费标准太低，企业和个人宁愿交纳排污费，也不愿花费更多成本进行污染治理，排污收费在促进企业和个人自愿减排方面的作用极其有限；排污权交易仅限于在少数省市试点，试点的排污权交易仍在政府主导下进行，试点省市缺乏完善的市场配套和可推广的经验；我国没有正式开征环境税，没有对环境污染行为征税；生态补偿机制仅停留在中央对地方的纵向补偿，区域之间的生态补偿没有实质性进展；绿色金融、绿色贸易、绿色信贷在实际中也没有得到贯彻执行。因此，我国实行的以环境管制政策为主、环境经济政策为辅的环境政策，没有充分调动政策体系在环境管理中的作用，尤其没有调动企业和个人开展节能减排的积极性和主动性，污染治理效果不佳，存在“环境政策失灵”。

同时，我国也存在“环境管理失灵”。环境管理工作的顺利推进需要中央政府与地方政府保持一致，各级部门与各级政府之间以及部门之间互相协调配合，但是，在环境管理的实际工作中，由于存在对现有利益的重新分配，部门之间、中央政府与地方政府之间、各级部门与地方政府之间的权责博弈和利益博弈，导致环境管理工作难以达到预期效果。环境管理制度亟待改革，为应对“环境管理失灵”，环保部提出“将实行独立而统一的环境监管，健全‘统一监管、分工负责’和‘国家监察、地方监管、单位负责’的监管体系。”①

第六节　成渝地区资源环境与经济协调发展路径选择

解决成渝地区当前环境与经济失调问题，重在解决环境保护滞后问题。而要提高环境质量，加强环境保护，其路径已不仅仅局限于从环境系统本身加强污染治理和环境质量改善，还应深入到经济系统，从人类生产和生活的经济行为出发，转变经济发展方式，调整产业结构，促进生产方式、生活方式的绿色转型，减少资源消耗和环境污染，提高环境质量，实现环境保护与经济的协调发展。本研究分别从成渝地区产业绿色转型、消费绿色转型和加强环境保护三方面着手，分析和解决成渝地区环境保护滞后导致的环境与经济失调问题。在产业绿色转型研究中，本书分析了产业发展规模与结构导致的环境效应，找出“两高”工业行

---

① 环保大部制改革稳步推进 环境监管“独立而统一”. 中研网，http：//www. chinairn. com/print/3415225. html%EF%BC%8C%E7%8E%AF%E4%BF%9D%E5%A4%A7%E9%83%A8%E5%88%B6%E6%94%B9%E9%9D%A9%E7%A8%B3%E6%AD%A5%E6%8E%A8%E8%BF%9B，2014-02-11.

业污染控制的重要行业领域、农业环境污染的农业行业领域、服务业优先发展行业领域，并有针对性地提出工业、农业、服务业绿色转型对策措施；在消费绿色转型研究中，本书将成渝地区与其他地区进行对比分析，找到成渝地区生产性消费和生活性消费在水资源消耗、土地资源消耗、能源消耗方面的特征与问题，提出消费绿色转型对策措施；在加强环境保护研究中，本书梳理了我国环境保护的历程、现状、问题，找出成渝地区环境保护的问题、目标、任务，并在充分借鉴可持续发展全球领先国家——瑞典的环境保护经验的基础上，提出加强环境保护的制度安排。

第五章　成渝地区资源环境与经济协调发展路径一：产业绿色转型升级

第一节　成渝地区产业规模扩大环境影响分析

成渝地区产业规模和环境质量之间存在密切的关系。2003—2011年，伴随着成渝地区经济总量和产业规模的不断扩大，环境系统各要素质量也发生着复杂的变化。为了发现近九年成渝地区产业规模扩大与环境质量变化之间的关系，本书选取成渝地区地区生产总值指标表征产业规模，选取工业废水排放总量、工业废水排放达标量、工业废气排放总量、二氧化硫排放总量、工业粉尘排放量、工业固体废弃物产生量、工业固体废弃物综合利用量作为表征环境质量的指标，通过对指标数据的分析发现，产业规模扩大与环境质量之间存在三种关系。

第一，2003年到2014年，随着成渝地区产业规模的扩大，部分环境质量指标数据显示出环境质量状况先恶化再逐年好转的趋势，比如工业废水排放总量、工业废水排放达标量、烟尘排放量、二氧化硫排放总量先增加再逐年减少，这些数据说明成渝地区产业规模增长与环境质量之间存在倒U型曲线关系，经济总量增长到一定阶段能够促进环境质量的改善。具体数据见表5.1：

表 5.1 成渝地区产业规模扩大与部分环境质量先恶化后改善的关系[1]

年份	地区生产总值（亿元）	环境污染治理投资总额（亿元）	工业废水排放达标量（万吨）	工业废水排放总量（万吨）	二氧化硫排放总量（吨）	烟尘排放量（吨）
2003	7605.91	49.90	171976.00	202133.00	1663681.00	1044728.00
2004	9072.44	61.45	180608.00	202254.00	2059000.00	1068000.00
2005	10455.59	64.25	187702.00	207475.00	2136100.00	849955.00
2006	12597.47	65.60	178101.00	201214.00	2140502.00	833113.00
2007	15238.52	80.40	166007.00	183690.00	2002927.00	657007.00
2008	18394.89	84.00	165839.00	175727.00	1930200.00	509897.00
2009	20681.29	106.60	163513.00	171594.00	1881391.00	475546.00
2010	25111.06	132.65	132992.00	138624.00	1850404.00	548702.00
2011	31038.07	159.45	142013.40	114374.00	1488900.00	—
2012	35282.40	365.20	252279.00	100595.00	1429226.00	—
2013	39175.33	407.30	206353.00	98315.00	1240778.00	—
2014	42799.26	—	—	—	1323300.00	—

第二，2003 年到 2014 年，随着成渝地区产业规模的增加，部分环境质量指标数据显示出环境质量状况呈逐年恶化的趋势，比如工业固体废弃物产生量、工业固体废弃物综合利用量逐年增多，这些数据说明成渝地区经济总量的增长与环境质量之间存在负相关的关系，经济总量的增长伴随着环境质量的恶化。具体数据见表 5.2：

表 5.2 成渝地区产业规模扩大与部分环境质量恶化的关系[2]

年份	地区生产总值总量（亿元）	环境污染治理投资总额（亿元）	工业固体废弃物产生量（万吨）	工业固体废弃物综合利用量（万吨）
2003	7605.91	49.90	6481.00	4289.00
2004	9072.44	61.45	7336.00	4500.40

① 数据来源：据 2004—2015 年《中国统计年鉴》、2004—2015 年《中国环境统计年鉴》、2004—2015 年《四川统计年鉴》、2004—2015 年《重庆统计年鉴》数据整理而来。

② 数据来源：据 2004—2015 年《中国统计年鉴》、2004—2015 年《中国环境统计年鉴》、2004—2015 年《四川统计年鉴》、2004—2015 年《重庆统计年鉴》数据整理而来。

续表5.2

年份	地区生产总值总量（亿元）	环境污染治理投资总额（亿元）	工业固体废弃物产生量（万吨）	工业固体废弃物综合利用量（万吨）
2005	10455.59	64.25	8197.90	5179.60
2006	12597.47	65.60	9415.00	5554.70
2007	15238.52	80.40	11738.30	6574.20
2008	18394.89	84.00	11547.90	7546.40
2009	20681.29	106.60	11148.90	7029.00
2010	25111.06	132.65	14108.20	8476.00
2011	31038.07	159.45	15983.00	8592.60
2012	35282.40	365.20	16302.00	8621.00
2013	39175.33	407.30	17168.40	8475.90
2014	42799.26	—	17314.20	8833.50

第三，2003年到2014年，随着成渝地区产业规模的扩大，部分环境质量指标数据显示出环境质量状况呈现波动变化，比如工业废气排放总量呈现先增多再减少再增多的变化，工业粉尘排放量呈现先减少后增多再减少再增多的曲折变化，这些变化反映出产业总产值增长与环境质量之间存在复杂多变的关系，在不同阶段相互作用可为正相关也可为负相关。具体数据见表5.3：

表5.3　成渝地区产业规模扩大与部分环境质量之间的曲折变化关系①

年份	地区生产总值总量（亿元）	环境污染治理投资总额（亿元）	工业废气排放总量（亿标立方米）	工业污染源治理投资（万亿元）	工业粉尘排放量（吨）
2003	7605.91	49.90	8910.90	11.30	687614.00
2004	9072.44	61.45	11006.90	25.10	658000.00
2005	10455.59	64.25	11794.30	23.90	596487.60
2006	12597.47	65.60	15620.00	26.10	328000.00

① 数据来源：据2004—2015年《中国统计年鉴》、2004—2015年《中国环境统计年鉴》、2004—2015年《四川统计年鉴》、2004—2015年《重庆统计年鉴》数据整理而来。

续表5.3

年份	地区生产总值总量（亿元）	环境污染治理投资总额（亿元）	工业废气排放总量（亿标立方米）	工业污染源治理投资（万亿元）	工业粉尘排放量（吨）
2007	15238.52	80.40	30586.60	29.71	193198.00
2008	18394.89	84.00	20347.70	29.04	293697.00
2009	20681.29	106.60	25996.50	16.57	221332.10
2010	25111.06	132.65	31050.10	14.90	224601.00
2011	31038.07	159.45	32293.10	21.60	—
2012	35282.40	365.20	—	14.90	—
2013	39175.33	407.30	—	26.70	—
2014	42799.26	—	—	—	—

第二节　成渝地区产业结构变化环境影响分析

由于一、二、三产业的产业增加值存在较大差异，且单位产业增加值的环境影响不同，一、二、三产业的环境影响也就不同。依据国家统计局和国家环保总局联合发布的《中国绿色国民经济核算研究报告2004》，分析环境污染虚拟治理成本占产业增加值的比例，可以发现，第二产业环境污染虚拟治理成本占第二产业增加值比例最高，达到2.42%，其次为第一产业，其比例为1.58%，再次为第三产业，其比例为1.16%，这说明在三次产业中，单位产业增加值需要耗费的污染治理成本最高的为第二产业，其次为第一产业，再次为第三产业。同时，三次产业中，第二产业环境污染虚拟治理成本高达1790.30亿元，说明第二产业不仅单位增加值需要耗费的污染治理成本最高，且污染物排放总量大，对环境造成的污染成本最大。而第二产业环境污染实际治理成本仅为617.30亿元，距污染治理实际需要差距超过1000亿元，说明第二产业环境污染治理投入缺口很大，还需要增加对第二产业环境污染治理的投入。具体数据见表5.4：

表 5.4　2004 年三次产业环境污染治理成本及其占增加值的百分比①

	第一产业	第二产业	第三产业
环境污染虚拟治理成本（亿元）	330.70	1790.30	753.40
环境污染实际治理成本（亿元）	—	617.30	—
产业增加值（亿元）	2093.00	7397.90	6494.80
环境污染虚拟治理成本占产业增加值比例（%）	1.58	2.42	1.16

分析 2003—2014 年成渝地区产业结构变化，可以发现，随着经济总量的不断增大，成渝地区产业结构也相应发生了变化，总体趋势是第一产业比重不断降低，第二产业比重不断增加，第三产业比重在波动变化中呈下降趋势。总体而言，同全国平均水平相比，成渝地区第一产业和第二产业相对发达，第一产业比重和第二产业比重高于全国平均水平，是农业发达地区和工业化特征明显地区，而第三产业比重低于全国平均水平，第三产业相对落后（具体数据见表 5.5）。成渝地区工业产值及其产值比重的不断增加，在其他影响因素不变的前提下，工业迅速发展必然对环境产生更大的影响。

表 5.5　成渝地区生产总值和三产比重②

年份	地区生产总值（亿元）	一产占比（%）	二产占比（%）	三产占比（%）
2003	7605.91	18.75	39.77	41.39
2004	9072.44	19.37	40.97	39.66
2005	10455.59	18.13	42.56	42.89
2006	12597.47	15.76	44.8	39.44
2007	15238.52	16.47	46.06	37.48
2008	18394.89	15.17	47.99	32.83
2009	20681.29	13.82	49.11	37.08
2010	25111.06	12.57	51.92	35.51

① 国家统计局，国家环保局．中国绿色国民经济核算研究报告 2004［R］．2006．

② 数据来源：据 2004—2015 年《四川统计年鉴》、2004—2015 年《重庆统计年鉴》数据整理而来。

续表5.5

年份	地区生产总值（亿元）	一产占比（%）	二产占比（%）	三产占比（%）
2011	31038.07	12.42	52.66	34.92
2012	35282.40	12.00	51.90	36.10
2013	39175.33	11.54	51.24	37.22
2014	42799.26	10.73	47.87	41.40

分析成渝地区轻、重工业产值历年变化，可以发现，成渝地区轻、重工业总产值一直保持较高增长势头且实现较大幅度增长，但历年重工业产值增速大于轻工业产值增速，重工业产值的进一步扩大对环境污染的影响显著。

进一步研究发现，2003—2014 年，成渝地区随着工业化进程的加速推进和第二产业的迅猛发展，第二产业发展与环境质量之间也呈现出三种相互作用的关系。

第一，随着第二产业比重的不断增加，部分环境质量指标数据显示环境质量状况逐渐恶化，比如工业固体废弃物产生量和工业固体废弃物综合利用量均逐年增加。具体数据见表 5.6：

表 5.6　第二产业发展对工业固体废弃物的影响①

年份	第二产业占比（%）	工业固体废弃物产生量（万吨）	工业固体废弃物综合利用量（万吨）
2003	39.77	6481.00	4289.00
2004	40.97	7336.00	4500.40
2005	42.56	8197.90	5179.60
2006	44.80	9415.00	5554.70
2007	46.06	11738.30	6574.20
2008	47.99	11547.90	7546.40
2009	49.11	11148.90	7029.00
2010	51.92	14108.20	8476.00

① 数据来源：据 2004—2015 年《中国统计年鉴》、2004—2015 年《中国环境统计年鉴》、2004—2015 年《四川统计年鉴》、2004—2015 年《重庆统计年鉴》数据整理而来。

续表5.6

年份	第二产业占比（%）	工业固体废弃物产生量（万吨）	工业固体废弃物综合利用量（万吨）
2011	52.66	15983.00	8592.60
2012	51.90	16302.00	8621.00
2013	51.24	17168.40	8475.90
2014	47.87	17314.20	8833.50

第二，随着第二产业比重的不断增加，部分环境质量指标数据显示环境质量状况呈先恶化后改善的趋势，比如工业废水排放达标量、工业废水排放总量、二氧化硫排放总量、烟尘排放量均呈现出先增加后减少的规律。具体数据见表5.7：

表5.7　第二产业发展对废水和废气排放的影响①

年份	第二产业占比（%）	工业废水排放达标量（万吨）	工业废水排放总量（万吨）	二氧化硫排放总量（吨）	烟尘排放量（吨）
2003	39.77	171976.00	202133.00	1663681.00	1044728.00
2004	40.97	180608.00	202254.00	2059000.00	1068000.00
2005	42.56	187702.00	207475.00	2136100.00	849955.00
2006	44.80	178101.00	201214.00	2140502.00	833113.00
2007	46.06	166007.00	183690.00	2002927.00	657007.00
2008	47.99	165839.00	175727.00	1930200.00	509897.00
2009	49.11	163513.00	171594.00	1881391.00	475546.00
2010	51.92	132992.00	138624.00	1850404.00	548702.00
2011	52.66	142013.40	114374.00	1488900.00	—
2012	51.90	252279.00	100595.00	1429226.00	—
2013	51.24	206353.00	98315.00	1240778.00	—
2014	47.87	—	—	1323300.00	—

第三，随着第二产业比重的不断增加，部分环境质量指标数据显示

① 数据来源：据2004—2015年《中国统计年鉴》、2004—2015年《中国环境统计年鉴》、2004—2015年《四川统计年鉴》、2004—2015年《重庆统计年鉴》数据整理而来。

环境质量状况呈现曲折变化，无明显规律性，表现在工业废气排放总量在波动变化中总体增加、工业粉尘排放量在波动变化中总体减少。具体数据见表 5.8：

表 5.8 第二产业发展对废气排放的影响①

年份	第二产业占比（%）	工业废气排放总量（亿标立方米）	工业粉尘排放量（吨）
2003	39.77	8910.90	687614.00
2004	40.97	11006.90	658000.00
2005	42.56	11794.30	596487.60
2006	44.80	15620.00	328000.00
2007	46.06	30586.60	193198.00
2008	47.99	20347.70	293697.00
2009	49.11	25996.50	221332.10
2010	51.92	31050.10	224601.00
2011	52.66	32293.10	—
2012	51.90	30269.50	—
2013	51.24	29293.00	—
2014	47.87	—	—

综合以上研究，可以发现，2003—2014 年，伴随着工业总产值及其在一、二、三产业总产值中构成比例的增加，成渝地区工业污染排放中，工业固体废弃物产生量、工业废气排放总量增加，成渝地区应加大对固体废弃物的综合利用，加强对工业废气排放的控制；同时，工业废水排放总量、二氧化硫排放总量、烟尘排放量、工业粉尘排放总量减少，这得益于生产工艺的提升、清洁生产的推行、工业污染治理投资的增加等多方面因素的作用。

① 数据来源：据 2004—2015 年《中国统计年鉴》、2004—2015 年《中国环境统计年鉴》、2004—2015 年《四川统计年鉴》、2004—2015 年《重庆统计年鉴》数据整理而来。

第三节　资源环境约束下成渝地区工业转型升级

工业对经济的贡献巨大，但同时，工业既是资源能源的消耗主体，又是污染排放的主要来源。在工业内部结构中，不同工业行业对环境的影响不同。中国正处在重化工业阶段，重化工业的发展在促进经济飞速增长的同时，也带来了极大的资源环境压力。成渝地区尤其是重庆市重化工业特征明显，对环境影响较大，因此，我们深入研究成渝地区工业内部结构及其污染排放情况，尤其是重工业行业对环境产生的影响，找出工业大气污染排放、工业水污染排放、工业固体废弃物的主要工业行业污染源，并提出深化这些工业行业污染排放的治理对策，以达到减轻工业行业的发展对环境产生负面影响的目的。

一、成渝地区“两高”工业行业

左玉辉、华新、柏益尧三位学者在《经济—环境调控》一书中，选取废水排放总量和能源消费总量这两项指标，对我国工业各行业的废水排放总量和能源消费总量进行排序，并由此遴选出工业行业中前 15 个高耗能、高污染工业行业。[①] 本研究选取这 15 个高耗能、高污染工业行业作为研究对象，分析其对工业大气污染排放、工业水污染排放和工业固体废弃物排放的影响。高耗能、高污染工业行业简称为“两高”工业行业。

成渝地区排名前 15 位的高耗能、高污染工业行业总产值占成渝地区工业总产值的 60％以上，这 15 个工业行业在创造经济效益、促进成渝地区经济发展的同时带来了超出其他工业行业的环境污染，是成渝地区工业污染的主要制造者。

2014 年成渝地区“两高”工业行业的行业产值情况见表 5.9：

① 左玉辉，等. 经济—环境调控 [M]. 北京：科学出版社，2008：88-89.

表 5.9　2014 年成渝地区“两高”工业行业产值[①]

	“两高”工业行业	重庆市行业总产值（亿元）	四川省行业总产值（亿元）	成渝地区行业总产值（亿元）	“两高”行业占工业总产值比例
1	化学原料及化学制品制造业	835.89	2160.19	2873.88	6.51%
2	黑色金属冶炼及压延加工业	757.97	1983.73	2639.53	5.98%
3	电力、热力生产和供应业	725.21	5474.02	6054.98	13.72%
4	造纸及纸制品业	247.98	427.48	605.39	1.37%
5	纺织业	183.17	759.05	844.26	1.91%
6	石油加工、炼焦及核燃料加工业	62.72	498.82	553.98	1.26%
7	非金属矿物制品业	1016.54	2047.1	2730.27	6.19%
8	煤炭开采和洗选业	366.07	1237.66	1593.01	3.61%
9	有色金属冶炼及压延加工业	664.78	722.15	1202.23	2.72%
10	农副食品加工业	785.75	2236.64	2788.19	6.32%
11	化学纤维制造业	5.90	149.58	152.02	0.34%
12	交通运输设备制造业	1472.15	428.15	1658.27	3.76%
13	医药制造业	396.76	880.69	1137.78	2.58%
14	石油和天然气开采业	22.23	1237.66	1249.81	2.83%
15	食品制造业	196.79	664.08	792.54	1.80%
	“两高”行业产值总计	7739.86	20907	26876.13	60.90%
	地区工业行业总产值	18782.33	31033.22	44128.34	

二、成渝地区“两高”工业行业废气排放及其处理分析

“两高”工业行业排放大量废水、废气、废渣，带来严重的大气污染、水污染、固体废弃物污染。由于四川工业行业污染排放数据难以从相关统计年鉴中获取，本研究按照污染物类型，统计和分析了重庆市

① 数据来源：据 2015 年《中国统计年鉴》、2015 年《四川统计年鉴》、2015 年《重庆统计年鉴》数据整理而来。

15个“两高”工业行业的大气污染排放及处理、废水排放及处理、固体废弃物排放及处理情况。

本书对重庆市“两高”工业行业废气排放总量、二氧化硫产生量、二氧化硫排放量、烟（粉）尘产生量、烟（粉）尘排放量相关数据进行了统计和分析，并得出了“两高”工业行业废气排放及其处理的相关结论（见表5.10）。

表5.10　2014年重庆市“两高”工业行业废气、二氧化硫、烟（粉）尘排放及其处理①

	“两高”工业行业	工业废气排放量（亿标立方米）	工业二氧化硫产生量（吨）	工业二氧化硫排放量（吨）	工业烟（粉）尘产生量（吨）	工业烟（粉）尘排放量（吨）
1	化学原料及化学制品制造业	527.83	53112.11	26379.59	242181.61	11265.87
2	黑色金属冶炼及压延加工业	913.45	34199.13	26605.93	532978.25	11244.98
3	电力、热力生产和供应业	2288.22	945906.17	196400.13	7677155.37	59576.82
4	造纸及纸制品业	160.49	44275.89	11682.95	333.942.85	4743.95
5	纺织业	13.15	5337.28	5197.73	3354.47	1097.71
6	石油加工、炼焦及核燃料加工业	34.52	1682.73	1669.22	3801.11	321.48
7	非金属矿物制品业	3748.93	110892.56	104946.42	9281523.36	45025.05
8	煤炭开采和洗选业	17.12	2698.88	2682.11	1620.28	1396.66
9	有色金属冶炼及压延加工业	165.09	18999.88	17733.26	69053.51	3672.00
10	农副食品加工业	32.69	3632.69	3033.53	3801.12	1732.91
11	化学纤维制造业	124.82	31944.36	2686.36	178073.28	3600.13
12	交通运输设备制造业	74.62	90.47	90.31	789.57	301.19
13	医药制造业	57.80	5812.92	5022.89	12758.83	1213.48
14	石油和天然气开采业	5.11	1625.06	595.97	13.50	13.50
15	食品制造业	69.56	21908.47	9404.26	147634.57	2851.13

① 数据来源：据2015年《中国环境统计年鉴》、2015年《重庆统计年鉴》数据整理而来。

续表5.10

	"两高"工业行业	工业废气排放量（亿标立方米）	工业二氧化硫产生量（吨）	工业二氧化硫排放量（吨）	工业烟（粉）尘产生量（吨）	工业烟（粉）尘排放量（吨）
	以上"两高"行业总计	8233.40	1282118.6	414130.66	18154739	148056.86
	地区工业行业总计	9283.66	1312287.24	427210.56	18520013.62	153490.90
	"两高"行业占地区工业行业比例	88.70%	97.70%	96.90%	98.00%	96.50%

第一，统计"两高"工业行业废气、二氧化硫、烟（粉）尘排放量占地区工业废气、二氧化硫、烟（粉）尘排放总量的比值，可以发现，"两高"工业行业是地区工业废气、二氧化硫、烟（粉）尘污染的主要来源。15个"两高"工业行业废气排放总量高达8233.40亿标立方米，占重庆市工业废气排放总量的88.70%；"两高"工业行业二氧化硫产生量高达1282118.67吨，占重庆市工业二氧化硫产生总量的97.70%；"两高"工业行业二氧化硫排放量高达414130.60吨，占重庆市工业二氧化硫排放总量的96.90%；"两高"工业行业烟（粉）尘产生量高达18154739吨，占重庆市工业烟（粉）尘产生量的98.00%；"两高"工业行业烟（粉）尘排放量高达148056.86吨，占重庆市工业烟（粉）尘排放量的96.50%。因此，"两高"工业行业是重庆市工业污染排放的主要来源，加强对"两高"工业行业污染排放的控制与治理是重庆市污染治理的关键。

第二，分析"两高"工业行业废气排放总量数据，可以发现，部分"两高"工业行业废气排放量大，是工业废气排放的主要行业。非金属矿物制品业、电力、热力生产和供应业、黑色金属冶炼及压延加工业、化学原料及化学制品制造业废气排放总量分别为3748.93亿标立方米、2288.22亿标立方米、913.45亿标立方米、527.83亿标立方米。这4个重点工业废气排放行业对大气污染造成了较大影响，成渝地区应加强对这些重点工业废气排放行业的废气控制与监管，加大减排力度，减少废气排放。

第三，分析"两高"工业行业二氧化硫排放量数据，可以发现，部分"两高"工业行业二氧化硫排放量超过10000亿标立方米，对大气环境产生了较大影响，是工业二氧化硫排放的主要行业。二氧化硫排放的主要工业行业依次是黑色金属冶炼及压延加工业、化学原料及化学制品制造业、电力、热力生产和供应业、有色金属冶炼及压延加工业、非金属矿物制品业，其二氧化硫排放量分别为 26605.93 吨、26379.59 吨、196400.13 吨、17733.26 吨、11682.95 吨、104946.42 吨。成渝地区应加强对以上重点二氧化硫排放行业的环境监管，促进其清洁生产，转变能源消费结构，减少燃煤量，提升燃煤能量转换效率，减少单位产出的能源消费量，保障脱硫设备的安装和正常运行，减少二氧化硫产生量，控制二氧化硫排放量，促进空气质量的改善。

第四，通过对工业行业和“两高”工业行业二氧化硫产生量和排放量数据的分析，计算出工业行业二氧化硫去除率和“两高”工业行业二氧化硫去除率的数据，结果显示，2014 年重庆市工业二氧化硫去除率、“两高”工业行业二氧化硫去除率均不高，分别仅为 67.4%和 67.7%（如图 5.1 所示），因此，加强重庆市整个工业行业二氧化硫治理和处理是很必要的。

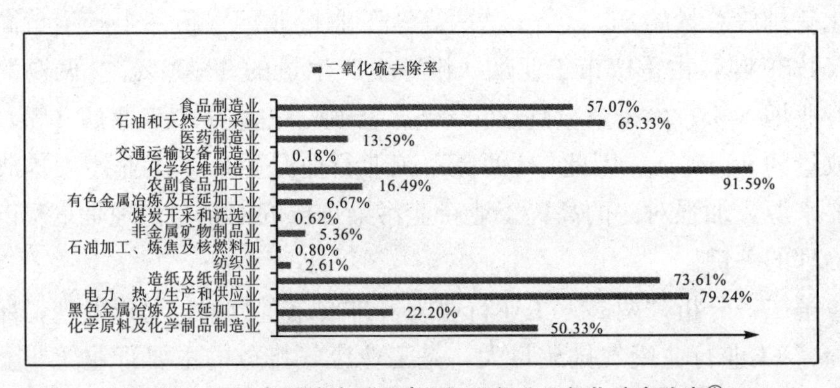

图 5.1　2014 年重庆市“两高”工业行业二氧化硫去除率①

同时，按照二氧化硫去除率的大小，将 15 个“两高”工业行业细分为四类，并对这四类工业行业二氧化硫排放特征进行总结。重庆市“两高”工业行业二氧化硫去除率普遍偏低，其中，二氧化硫去除率低于 10%的行业有 6 个，二氧化硫去除率为 10%～40%的行业有 2 个，二氧化硫去除率为 40%～70%的行业有 6 个，二氧化硫去除率高于

① 数据来源：据 2015 年《中国环境统计年鉴》、2015 年《重庆统计年鉴》数据整理而来。

70%的行业仅1个（见表5.11）。重庆市应加强对“两高”工业行业二氧化硫的处理。

表5.11 2014年重庆市“两高”工业行业二氧化硫排放特征

二氧化硫去除率	“两高”工业行业	二氧化硫排放特征
[0～10%)	煤炭开采和洗选业、石油加工、炼焦及核燃料加工业、有色金属冶炼及压延加工业、农副食品加工业、黑色金属冶炼及压延加工业、非金属矿物制品业	除农副食品加工业属于轻工业外，其余行业属于重工业中的矿产资源的开采、洗选、加工、制造。这些行业二氧化硫去除率极低，去除率均低于10%，而二氧化硫排放总量大，高达164257吨，黑色金属冶炼及压延加工业、非金属矿物制品业、有色金属冶炼及压延加工业二氧化硫排放量均列于行业二氧化硫排放的前五名，这些行业二氧化硫排放总量大、去除率极低的特点导致对大气污染影响大，急需提高二氧化硫去除率
[10%～40%)	纺织业、交通运输设备制造业	二氧化硫去除率很低，尤其是纺织业，二氧化硫排放量达6316吨，而去除率仅为11.6%，急需提高二氧化硫去除率
[40%～70%)	食品制造业、石油和天然气开采业、医药制造业、化学纤维制造业、造纸及纸制品业、化学原料及化学制品制造业	二氧化硫去除率主要集中在50%左右，二氧化硫排放量达58737吨，仍有很大的二氧化硫减排空间
[70%～100%]	电力、热力生产和供应业	由于此行业二氧化硫产生量和排放量高居所有工业行业二氧化硫排放的首位，排放量高达208963.79吨，具有二氧化硫产生和排放基数大的特征，其二氧化硫去除率的提高将会对排放量产生较大影响。因此，虽然二氧化硫去除率已经达到75.6%，但是，提高二氧化硫去除率仍然能大幅度改善环境质量，二氧化硫去除率急需提高

第五，分析重庆市“两高”工业行业烟（粉）尘产生量与排放量数据，发现“两高”工业行业烟（粉）尘处理率整体较高，为99.11%，说明重庆市“两高”工业行业烟（粉）尘处理情况较好。但是，部分行业烟（粉）尘处理率仍然较低，比如煤炭开采和洗选业烟（粉）尘处理率仅为6.12%，农副食品加工业烟（粉）尘处理率仅为28.38%，交通运输设备制造业烟（粉）尘处理率仅为28.38%，石油加工、炼焦及核燃料加工业烟（粉）尘处理率仅为72.9%，纺织业烟（粉）尘处理率仅为76.89%（如图5.2所示）。以上行业需要控制和减少烟（粉）尘排放。

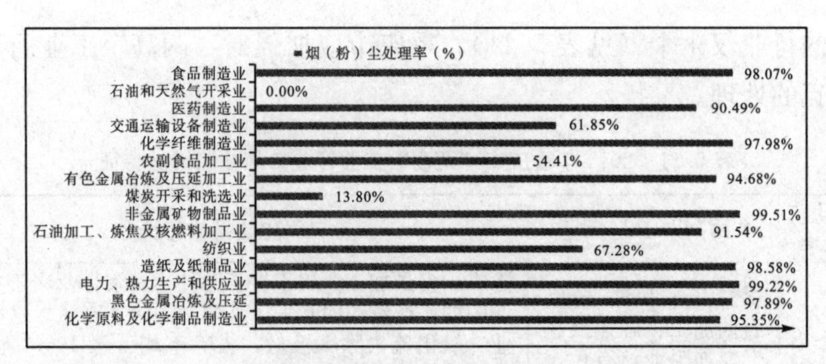

图 5.2 2014 年重庆市“两高”工业行业烟（粉）尘产生与排放①

三、成渝地区“两高”工业行业废水排放及其处理分析

表 5.12 2014 年重庆市“两高”工业行业废水排放及其处理②

	高耗能、高污染工业行业	企业数（个）	工业废水排放总量（万吨）	废水治理设施数（套）	行业总产值（亿元）
1	化学原料及化学制品制造业	177	3302.13	162	835.89
2	黑色金属冶炼及压延加工业	70	422.10	94	757.97
3	电力、热力生产和供应业	38	1456.90	66	725.21
4	造纸及纸制品业	71	5286.90	48	247.98
5	纺织业	66	661.80	29	183.17
6	石油加工、炼焦及核燃料加工业	10	381.50	9	627.20
7	非金属矿物制品业	954	910.70	128	101.65
8	煤炭开采和洗选业	394	9549.80	208	366.07
9	有色金属冶炼及压延加工业	38	478.80	47	664.78
10	农副食品加工业	331	1917.80	175	785.75
11	化学纤维制造业	3	1465.90	4	5.86
12	交通运输设备制造业	72	274.90	78	1472.15

① 数据来源：据 2015 年《中国环境统计年鉴》、2015 年《重庆统计年鉴》数据整理而来。
② 数据来源：据 2015 年《中国环境统计年鉴》、2015 年《重庆统计年鉴》数据整理而来。

续表5.12

	高耗能、高污染工业行业	企业数（个）	工业废水排放总量（万吨）	废水治理设施数（套）	行业总产值（亿元）
13	医药制造业	72	1218.50	67	396.76
14	石油和天然气开采业	4	32.10	3	22.23
15	食品制造业	59	806.40	46	196.79
	以上“两高”行业总计	2359	28166.30	1164	7739.86
	地区工业行业总计	3211	32154.30	1763	18782.33
	“两高”行业占工业行业比例	73.50%	87.60%	96.40%	41.20%

第一，通过比较“两高”工业行业和被重点调查的工业行业废水排放与治理数据，得出“两高”工业行业总产值占被重点调查工业行业总产值比例仅为41.21%，但废水排放比例高达87.6%，“两高”工业行业废水排放是工业行业废水排放的主要来源，研究和治理高耗能、重污染工业行业废水排放问题对解决工业行业废水排放问题意义重大。

第二，对2014年重庆市“两高”工业行业废水排放量进行统计，可以发现，煤炭开采和洗选业废水排放量远远超出其他工业行业，分别高达9549.82万吨和8372.56万吨，造纸及纸制品业、化学原料及化学制品制造业废水排放量也居高不下，分别高达5286.92万吨和3302.13万吨，废水排放量较大的行业还有化学纤维制造业、电力、热力生产和供应业、农副食品加工业、医药制造业，其废水排放量均超过1000万吨，非金属矿物制品业、食品制造业废水排放量也超过了800万吨，有色金属冶炼及压延加工业、石油加工、炼焦及核燃料加工业、黑色金属冶炼及压延加工业、交通运输设备制造业、纺织业工业废水排放量也在200万吨至700万吨区间内（如图5.3所示）。以上“两高”工业行业是工业废水排放的主要行业，对水环境质量影响极大。应重点加强对以上行业的废水排放监管，减少废水排放量和废水中污染物的含量，提高废水综合利用率，减少水污染。

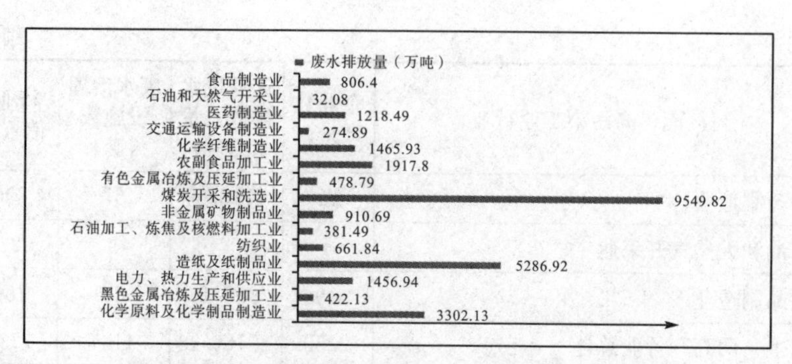

图 5.3　2014 年重庆市“两高”工业行业废水排放量①

四、成渝地区“两高”工业行业固体废弃物排放及其处理分析

表 5.13　2014 年重庆市“两高”工业行业固体废弃物排放及其处理②

	“两高”工业行业	企业数（个）	固体废弃物产生量（万吨）	固体废弃物综合利用量（万吨）	固体废弃物处置量（万吨）
1	化学原料及化学制品制造业	177	295.57	151.30	144.18
2	黑色金属冶炼及压延加工业	70	495.56	389.77	105.28
3	电力、热力生产和供应业	38	1096.00	1075.04	49.59
4	造纸及纸制品业	71	79.37	35.49	43.86
5	纺织业	66	2.25	2.11	0.14
6	石油加工、炼焦及核燃料加工业	10	7.18	7.18	0.01
7	非金属矿物制品业	954	232.02	229.42	2.58
8	煤炭开采和洗选业	394	312.94	300.39	6.70
9	有色金属冶炼及压延加工业	38	132.18	100.55	0.05
10	农副食品加工业	331	6.05	4.54	1.10
11	化学纤维制造业	3	69.76	69.03	0.67
12	交通运输设备制造业	72	2.28	1.75	0.59

① 数据来源：据 2015 年《中国环境统计年鉴》、2015 年《重庆统计年鉴》数据整理而来。

② 数据来源：据 2015 年《中国环境统计年鉴》、2015 年《重庆统计年鉴》数据整理而来。

续表5.13

	“两高”工业行业	企业数（个）	固体废弃物产生量（万吨）	固体废弃物综合利用量（万吨）	固体废弃物处置量（万吨）
13	医药制造业	72	6.02	3.86	2.13
14	石油和天然气开采业	4	—	—	—
15	食品制造业	59	32.10	31.97	0.13
	以上“两高”行业总计	2359	2769.28	2402.4	357.01
	地区工业行业总计	3211	2899.61	2493.24	397.13
	“两高”工业行业占地区工业行业比例	73.5%	95.5%	96.4%	89.9%

由表5.13中的数据得出，“两高”工业行业固体废弃物产生量占被调查统计工业行业固体废弃物产生量的95.5%，工业固体废弃物综合利用量占总量的96.4%，工业固体废弃物处置量占总量的89.9%。这表明高耗能、高污染工业行业是工业固体废弃物产生、综合利用和处置的主要来源。

如图5.4所示，高耗能、高污染工业行业中，工业固体废弃物产生量最大的行业是电力、热力生产和供应业，高达1096万吨，黑色金属冶炼及压延加工业、煤炭开采和洗选业、化学原料及化学制品制造业、非金属矿物制品业固体废弃物产生量也仅次于第一名，分别位于固体废弃物产生量的前五名。

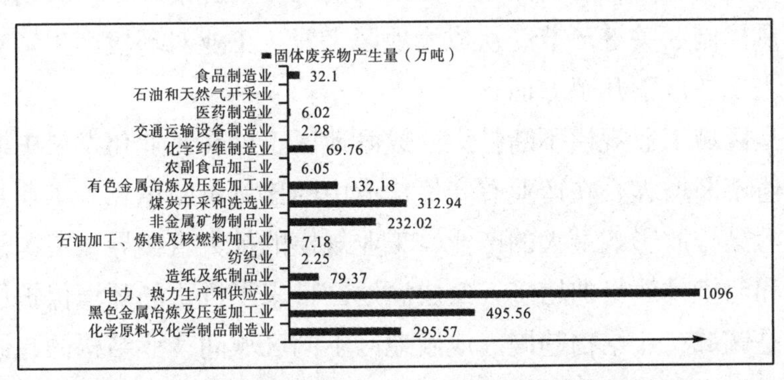

图5.4　2014年重庆市“两高”工业行业固体废弃物产生量①

① 数据来源：据2015年《中国环境统计年鉴》、2015年《重庆统计年鉴》数据整理而来。

如图 5.5 所示，在 15 个高耗能、高污染工业行业中，工业固体废弃物综合利用率超过 90%的行业有 8 个，工业固体废弃物综合利用率在［80%—90%）区间的行业有 2 个，在［70%—80%）区间的行业有 1 个，在［60%—70%）区间的行业有 2 个，低于 60%的行业有 1 个。其中，化学原料及化学制品制造业的废弃物综合利用率最低，急需提高和改进。

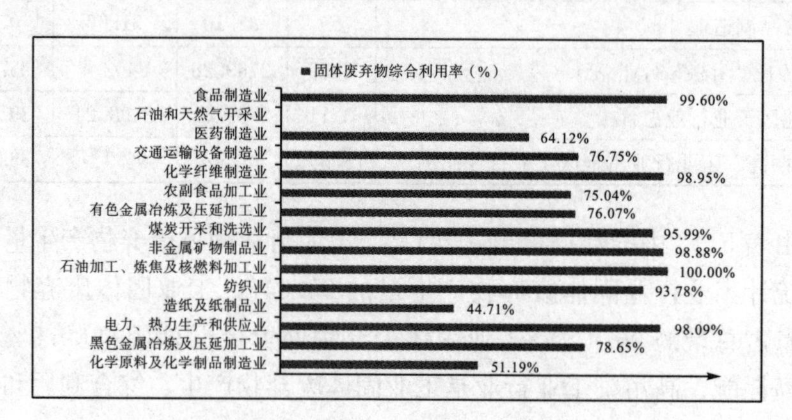

图 5.5　2014 年重庆市“两高”工业行业固体废弃物综合利用率①

五、成渝地区工业绿色转型升级对策

工业是经济活动与生态环境间相互作用的重要联系纽带，工业与环境的影响程度存在显著的关系，是经济活动与资源消耗、污染物排放种类和数量控制的关键环节。从成渝地区来看，工业对环境产生影响的主要因素表现在以下几个方面：

一是区域工业规模不断扩大。成渝地区正处在工业化发展中期，工业总产值不断增大，在产业总产值构成中的比例不断增长。工业是三次产业中污染排放影响最大的产业，工业规模的扩大直接导致资源消耗量的增长和污染排放量的增多，给成渝地区带来了沉重的环境保护压力。

二是区域产业结构趋同。成渝地区不同区域间产业结构的趋同和高度相似，带来了较为严重的重复建设、过度竞争和产能过剩，造成了

① 数据来源：据 2015 年《中国环境统计年鉴》、2015 年《重庆统计年鉴》数据整理而来。

“不必要”的环境污染，增加了治理难度。同质性的产业结构使资源配置失当，难以形成企业集群，分散化的污染使区域环境治理成本增加。

三是工业结构重型化。重型化的工业结构是污染加剧的直接原因，黑色金属、化工、非金属矿物等“两高”行业是工业结构重型化的典型行业，在工业化阶段具有代表性。成渝地区重化工业特征明显，重工业总产值增速快，这些高消耗、高排放行业的快速发展是环境污染的主要来源和直接原因。

四是区域空间结构不合理。由于历史原因，成渝地区工业发展初期在布局上未充分考虑对水、大气的影响，未考虑环境容量问题，在产业布局上具有较强的随意性，未形成明确的功能分区，造成一些污染企业位于水源地和人口稠密区、污染企业处在上风上水等问题，产生“交叉污染”，而对已经形成的空间格局进行调整则成本高昂。

五是区域部分行业的生产工艺和减排技术还有待提升。“两高”工业行业是工业污染的主要来源，而“两高”工业行业二氧化硫去除率整体偏低，部分行业废气排放量大、废水排放量大、固体废弃物综合利用率低，这些污染问题的产生均与生产工艺和减排技术落后密切相关。

成渝地区未来的工业发展应以消除结构性污染为主要目标，实行差异化分工，降低工业对环境的影响。

第一，加强成渝地区的产业分工与协作。成渝地区的产业选择应结合区位优势、交通条件、自然环境、资源禀赋、历史因素等多方面进行考虑，避免四川省和重庆市盲目竞争、重复建设、浪费资源，而应充分发挥各自的比较优势，实现错位竞争、互补发展。成渝地区产业分工与合作围绕成都都市圈、重庆都市圈、川南城市群展开。成都都市圈以成都为中心，与周边城市互动发展，形成电子、高新技术、重大装备、制药、食品、金融、旅游、生产性服务业等优势产业；重庆都市圈充分发挥现有制造业和物流业优势，以重庆为中心，周边中小城市为支撑，形成汽车制造、摩托车制造、装备制造、高新技术、物流等优势产业的分工与协作。成都、重庆两个中心城市要加快转变制造业发展方式，调整产业结构，减少环境污染，发挥成都、重庆在人力资源、技术研发、管理咨询等方面的优势，加快转变经济发展方式，以先进技术和管理手段改造传统产业，大力发展循环经济，促使工业结构加速升级。一方面，向成都、重庆外转移现有一部分环境约束较强的产业，为制造业转型腾挪空间，引导企业专注于核心技术研发、品牌营销和市场开拓，在与国际同行竞争中提升自身要素禀赋；另一方面，成渝地区的发展应立足于区域性金融中心、商贸和物流中心等定位，促进制造业和服务业融合发展，以提升自主创新能力为核心，运用新技术、新装备、新工艺提升制造业水平，促进产业集群化发展。其他工业基础较好、工业门类较为齐全的区域，应围绕自身的发展定位，促进产业结构优化升级。以特色产业为主体，促进产业集群发展，要注重发展与主导产业配套的生产性服务业，提高产业配套能力；鼓励企业实施技术创新，开发具有自主知识产权的技术，培育自主知名品牌，提高产业核心竞争力，以集成创新应用为主，加快技术引进并注重再创新，掌握关键和核心技术；综合运用多种手段，对不符合产业政策、严重浪费资源和污染环境的生产能力、工艺技术、装备和产品进行严格限制和淘汰。

第二，大力促进工业行业，尤其是“两高”行业清洁生产和结构优化。以环境保护优化经济发展为准则，以节能减排等约束性指标倒逼企业实现清洁生产和低碳发展。一方面，加快淘汰落后产能。对于能耗、水耗、污染排放等高于行业标准的小水泥、小钢铁、小造纸、小玻璃等高消耗、高污染产能，成渝地区应采取行政命令等强制性措施和财政、金融、税收、价格等经济手段对其进行淘汰处理。另一方面，严格环境准入，限制“两高”产业的进一步发展。严格实施环境影响评价和环境审批，对不符合环境标准的产业实行限批，对电力、冶金、化工、造纸、建材、印染等“两高”产业的进一步发展实施金融、财政等限制性政策，控制其污染排放水平，减少污染影响程度。再者，激励与约束措施并举，促进清洁生产。摸清对当前大气污染排放、水污染排放、固体废弃物排放产生重大影响的主要“两高”工业行业污染物排放情况，并对其加强环境监管和污染治理，加强对生产全过程的环境监测、管理与执法，加强对污水排放和处理、脱硫脱硝工程、烟尘粉尘控制、大气污染防治、固体废弃物综合利用的管理，加大对企业环境违法行为的惩处力度，对环境违法企业实施“关”“停”“并”“转”等行政命令措施和对环境污染违法行为进行罚款，增加企业环境违法行为成本，迫使企业实施清洁生产。[①]

第三，优化产业布局，引导产业集约、集群、集聚发展。按照《全国主体功能区规划》《重庆市生态功能区划》《四川省生态功能区划》等要求，依据各地区的生态本底和环境承载力，合理布局产业。对禁止开发区和限制开发区实行限制产业布局和开发政策，沿长江、嘉陵江、岷江、沱江、金沙江等大江大河流域沿岸地区限制“两高”产业落地，对已建“两高”企业实行搬迁等安排；对重点开发区和优化开发区实行可持续开发政策，促进产业向园区集中，实现集约、集群、集聚发展。

第四，大力推进工业行业生态化发展。产业园区在规划、选址、建设、运营过程中，应加大污染减排的统一安排和部署，建立高新技术园区、循环经济园区、生态经济园区等园区，促进产业园区向生态化、低碳化、减排化、循环化发展。同时，加大投入和支持力度，促进循环经济在成渝地区的试点和推广，深化重点园区、重点企业的循环经济试点，加大对试点园区、试点企业的技术和资金支持，打造一批循环经济示范园区和示范企业，探索建立适合行业特点和区域特色的循环经济发展模式。

第五，积极培育和发展节能环保等战略性新兴产业。面对国际金融危机后经济增长乏力和当前资源环境对经济增长的约束日益严峻的双重压力，世界主要经济体开始寻求新的经济增长点，大力发展新兴产业，全球经济向绿色、低碳发展转型。2010 年中国发布《国务院关于加快培育和发展战略性新兴产业的决定》，明确列出当前大力支持发展的七大战略性新兴产业，并将节能环保产业放在了加快发展的突出位置。全国各省市结合地区发展实际，也制定了战略性新兴产业发展的重要领域。

重庆市战略性新兴产业发展的重点领域包括新能源、新材料、节能环保、信息网络、生物医药、航天航空、新能源汽车等。重庆市大力建设两大全球性生产基地，即亚洲最大笔记本电脑生产基地和国内最大离岸数据开发处理中心，加快培育十个重大产业集群，优化战略性新兴产

① 四川省人民政府. 四川省“十二五”工业发展规划［EB/OL］. http://www.doc88.com/p-305515492693.html,2011-12.

业布局，形成以两江新区、西永微电园为“双核”，以九龙坡高新技术开发区、南岸经济技术开发区等产业园区为“一环”，以万州、涪陵、长寿、合川、永川、荣昌、万盛、大足、綦江等特色工业园区为“多点”的“双核带动、一环多点”战略性新兴产业布局。①

四川省战略性新兴产业发展的重点领域包括新一代信息技术、新能源、高端装备制造、新材料、节能环保和生物行业等。在新一代信息技术领域，加强下一代信息网络、电子核心基础产业、高端软件和新兴信息服务的建设和发展，形成以成都和绵阳为“两个核心”，辐射带动德阳、广元、遂宁、乐山、内江等的电子信息产业布局；在新能源领域，促进核电产业、太阳能产业、风能产业、生物质能、智能电网和其他新能源发展，形成以成都、德阳、乐山为“三个核心”，成德绵眉乐“一个产业带”的新能源产业布局；在高端装备制造领域，大力发展民用航空、航天及卫星应用、轨道交通、智能装备，形成以成都、德阳为“两个核心”，成德资眉和宜宾、泸州“两个产业集群”的高端装备制造产业布局；在新材料领域，加快新型功能材料、先进结构材料、高性能纤维及复合材料、生物医用和共性基础新材料的研发与生产，形成以成都、自贡、攀西为“三个核心”，成德绵“一个产业带”的新材料产业布局；在节能环保领域，重点发展高效节能设备、先进环保设备、环保节能服务的技术研发与产业发展，形成以成都、德阳、绵阳、自贡为“四个核心”，成德绵“一个产业带”的节能环保产业布局；在生物行业等领域，加快生物医药、生物医学工程、生物农药、生物技术服务、生物制造的发展，形成以成都为“一个核心”，德阳、雅安、阿坝、巴中“四个重点发展区”的生物产业布局。②

---

① 重庆市人民政府. 重庆市人民政府关于加快发展战略性新兴产业的意见［EB/OL］. http://wenku.baidu.com/view/baf6ff350b4c2e3f572763e9.html,2011-05-09.

② 四川省人民政府. 四川省战略性新兴产业规划［EB/OL］. http://wenku.baidu.com/view/90f2de4fe45c3b3567ec8ba7.html,2011-11-11.

第四节　资源环境约束下成渝地区农业转型升级

一、成渝地区农业资源环境影响分析

在农业生产内部，农业细分为农业、林业、畜牧业、渔业。农业又称为种植业，主要包括农作物生产；林业是以保护和发展森林资源为基础的产业；畜牧业主要指家禽、家畜饲养产业；渔业主要包括水产品的捕捞与养殖。种植业对环境的影响表现在占用土地资源以及农药、化肥等使用带来的生态破坏和环境污染；林业的发展对生态环境保护有利，具有增加林产品、森林碳汇、防风固沙、水土保持、生物多样性保护、调节气候等功效；畜牧业发展会产生大量畜禽粪便，其随污水排出，产生严重的水污染及其他环境影响；渔业发展对水环境、生物多样性的保护也具有较大影响。研究农业内部产业产值的变化，能进一步理清农林牧渔业对环境的影响。2003 年至今，按照新的国民经济行业分类，农业总产值统计除了农业、林业、畜牧业、渔业外，新增了农林牧渔业服务业。

由图 5.6、5.7、5.8 可知，四川省 2003—2015 年农业总产值构成中，农业（种植业）总产值和牧业总产值不仅基数大，而且增长快，且 2009—2015 年，农业（种植业）产值超过牧业，而林业、渔业和农林牧渔服务业产值较低，且增长缓慢。重庆市 2003—2015 年农业总产值构成中，农业（种植业）总产值和牧业总产值所占比例较大，而林业、渔业和农林牧渔服务业产值基本保持稳定。成渝地区农业总产值受四川省影响较大，农业（种植业）和牧业仍然是农业总产值的主要贡献者，2008—2015 年，农业（种植业）总产值超过牧业，而林业、渔业和农林牧渔服务业产值较小，基本保持稳定。

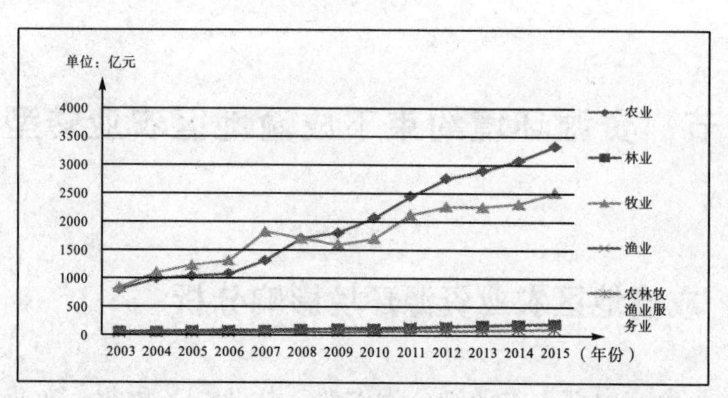

图 5.6 2003—2015 年四川省农林牧渔业总产值构成①

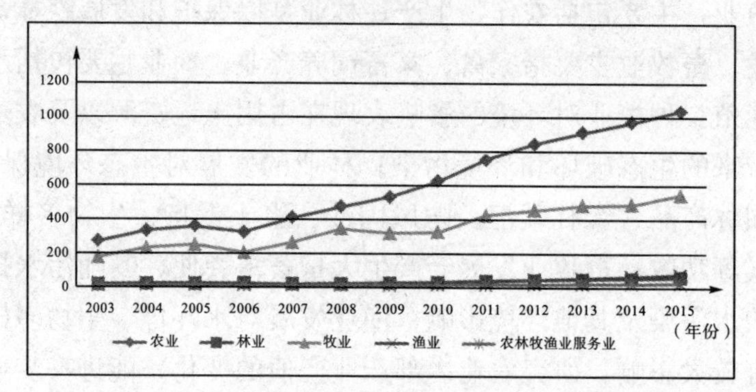

图 5.7 2003—2015 年重庆市农林牧渔业总产值构成②

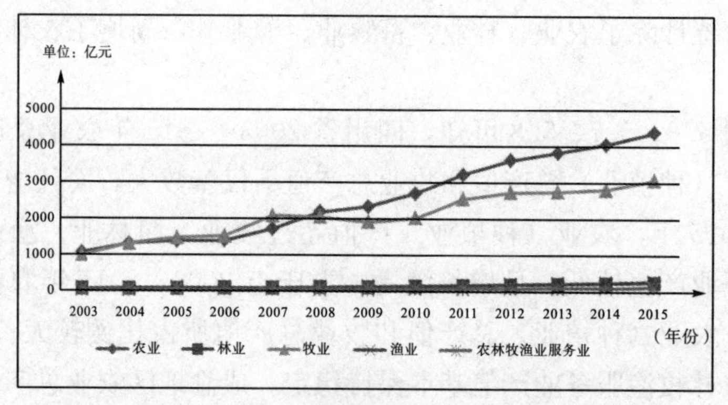

图 5.8 2003—2015 年成渝地区农林牧渔业总产值构成③

成渝地区农业是以种植业和畜牧业为主要支柱产业的农业结构特

① 数据来源：据 2004—2016 年《四川统计年鉴》数据整理而来。

② 数据来源：据 2004—2016 年《四川统计年鉴》数据整理而来。

③ 数据来源：据 2004—2016 年《四川统计年鉴》、2004—2016 年《重庆统计年鉴》数据整理而来。

征，而种植业和畜牧业对环境的影响较大。种植业的发展不仅占有大面积的农业生产用地，而且化肥和农药残留物会带来严重的土壤污染、地下水污染、大气污染以及生态系统的破坏，畜牧业产生的粪便不经处理直接排放，目前中国畜禽粪便 COD 排放量远远超过工业废水和生活废水排放量之和。[①] 当前中国面临非常严重的土壤污染和水污染，这种污染的影响力持久，波及面广，治理难度大，危害程度大，严重影响到人民的身体健康和正常生产生活。

二、成渝地区农业绿色转型升级对策

现代农业是一个不断发展的概念，代表了农业发展历史的一个阶段，不同国家对现代农业有不同的定义。如美国将现代农业定义为食物和纤维体系，日本将其定义为农业食物关联产业。在我国，一般认为现代农业是采用现代工业装备和现代科学技术，用现代组织管理方法来经营的社会化、商品化农业，是国民经济中具有较强竞争力的现代产业。[②]

与其他产业相比，农业生产过程对环境具有正负两方面的作用。发展高效环保的现代农业，就是要兼顾农业的经济效益和生态效益，充分发挥农业对生态环境的正效应，减弱对生态环境的负效应。成渝地区农业发展正处于传统农业向现代农业转变的特殊阶段，具备了现代农业的部分特征，又保留了部分传统农业的特点；同时，成渝地区各地资源禀赋差异较大，发展现代农业需因地制宜，使农业发展与环境相协调，需要做到以下几点：

一是要充分保留和挖掘传统农业的精粹。成渝地区是中国传统农业的典型区域，传统农业在几千年的历史中具有强大的生命力，其中与自然环境和谐相处的耕作思想和方式值得保留和挖掘，并将其融入现代农业生产方式，保持现代农业的生命力。同时，成渝地区已形成了中药、油菜、畜牧业、烟叶、水果、花卉、绿色蔬菜、茶叶等具有区域比较优

① 左玉辉，等. 环境—经济调控［M］. 北京：科学出版社，2008：62.

② 张少兵，王雅鹏. 现代农业发展对环境的影响与我国的对策［J］. 农业现代化研究，2008（3）：205—207.

势和规模优势的传统特色农业，应继续促进特色农业的发展，发挥其在全国的影响力和带头作用。

二是促进农业的现代化、产业化、规模化发展。以现代化技术、先进生产设备、专业化人才、完善的服务体系为支撑，成片推进农业生产基地建设，促进农业生产的良种化、标准化、专业化、规模化、集约化、品牌化发展。

三是重点发展环境友好型农业。环境友好型农业是现代技术和先进理念在农业领域的直接体现，采用农业先进技术必须立足成渝地区各地农业资源、环境容量、劳动力和资本状况等要素禀赋结构，重视先进技术对区域环境的作用和影响评估，确保新技术不会引发环境风险。大力发展循环农业、有机农业、生态农业、都市农业等新型农业形态，既具有很高的经济效益，同时又可直接发挥改善环境、保护生态的作用。

四是加强生态建设，改善农业生产环境。建设长江上游生态屏障，实施生态修复工程，退耕还林、退牧还草、防风固沙，加强沿金沙江、岷江、沱江、嘉陵江、长江等流域及其支流的水土保持和污染治理，启动川西藏区生态建设、川西北防沙治沙、三峡库区水土流失治理和污染治理等工程，为农业生产提供安全、稳定的生态环境保障。①

针对成渝地区不同区域的农业资源禀赋，各区域需因地制宜、各有侧重地发展具有区域特色的高效、环保现代农业。

以成都、重庆市区为代表的都市区，农业在经济结构中的比重非常低，其现代农业发展的重点方向是都市农业、科技农业、生态农业和休闲观光农业，注重以高新技术、现代装备、配套服务带动、拓展新的农业发展模式。

以成都平原为代表的平原区具有优良的现代农业发展条件，农业资源禀赋较好，现代农业发展应以提高农业综合生产能力为发展方向，注重农业规模化、产业化和生态化发展，提高农业资源的利用效率，加快农产品生产基地和现代农业示范区建设，发展生态农业，推广使用生物有机肥料和低毒低残留高效农药，推进农业废弃物、畜禽粪便综合处理

---

① 四川省人民政府. 四川省“十二五”农业和农村经济发展规划［EB/OL］. http://wenku.baidu.com/view/867c0fd526fff705cc170a67.html，2001－11.

利用，建立健全与农产品质量和现代农业发展要求相适应的农业标准化体系。

以重庆为代表的丘陵和山区，农业发展的传统特色和区域特色突出，丘陵平坝区可加强农产品生产加工基地建设，丘陵山区注重名特产开发区建设，依靠现代技术和经营管理方式，挖掘传统农业精粹，发展特色农业。

第五节　资源环境约束下成渝地区服务业转型升级

一、成渝地区服务业资源环境影响分析

随着产业的不断发展，产业结构由工业为主转向以服务业为主是经济发展的一般规律。从现实来看，世界发达国家都经历了经济重心由工业转向服务业的发展过程。现代服务业不仅本身是环境友好型产业，而且是其他产业优化升级的必要条件，对提高产业的环境友好程度意义重大。

根据国家统计局印发的《三次产业划分规定》及《国民经济行业分类》(GB/T4754—2002)，我国服务业具体包括 15 类。按照对环境的影响程度，这 15 类服务业可以细分为 3 类。第一类是行业发展与环境影响不直接相关，具体包括金融业，信息传输、计算机服务和软件业，租赁和商务服务业，科学研究、技术服务和地质勘查业，文化、体育和娱乐业，公共管理和社会组织，国际组织，这些行业的发展对人力资本、科技、管理、信息和服务的依赖较大，而不会耗费太多自然资源，也不会对环境产生显著的影响；第二类是行业发展带来环境污染的行业，具体包括交通运输、仓储和邮政业，批发和零售业，住宿和餐饮业，居民服务和其他服务业，这些行业会排放大气污染物、水污染物、固体废弃物以及产生噪音等，对环境影响较大；第三类是行业发展促进环境保护的行业，例如水利、环境和公共设施管理业，能为环境保护提供必要的

基础设施，有利于环境保护。[①]

如图 5.9、5.10、5.11 所示，2003—2015 年，重庆市、四川省、成渝地区第三产业发展趋势相似，第三产业总产值和第三产业内部各行业总产值均得到快速增长。成渝地区第三产业总产值构成从大到小排序依次是其他服务业、批发和零售业、金融业、交通运输、仓储及邮政业、房地产业、住宿和餐饮业，其中金融业近几年发展迅速，总产值增长较快，2009 年以来金融业总产值超过交通运输、仓储及邮政业，成为继批发和零售业之后的又一大重点发展、迅速发展的产业。

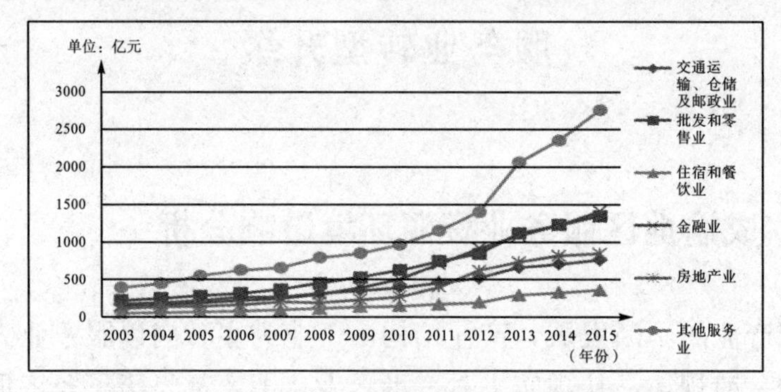

图 5.9　2003—2015 年重庆市第三产业产值构成[②]

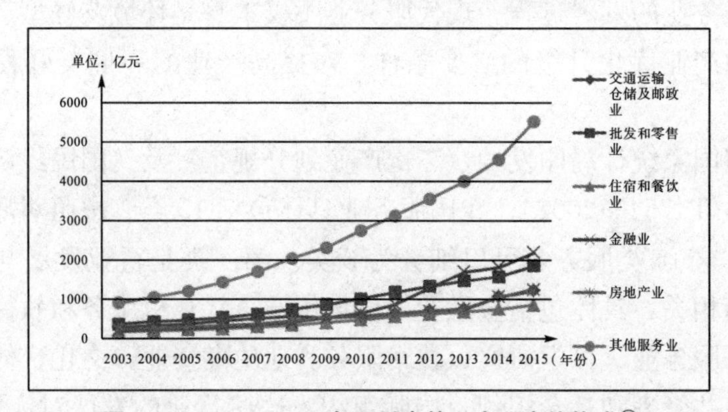

图 5.10　2003—2015 年四川省第三产业产值构成[③]

① 左玉辉，等. 经济—环境调控［M］. 北京：科学出版社，2008：139.
② 数据来源：据 2004—2016 年《重庆统计年鉴》数据整理而来。
③ 数据来源：据 2004—2016 年《四川统计年鉴》数据整理而来。

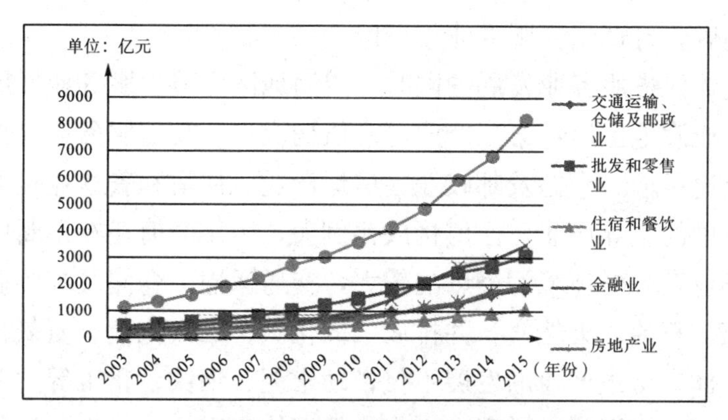

图 5.11　2003—2015 **年成渝地区第三产业产值构成**①

二、成渝地区服务业绿色转型升级对策

相对于工业和农业而言，服务业对环境影响较小。大力发展服务业，是资源环境约束下成渝地区产业发展的优化选择。成渝地区具有发展现代服务业的优良条件，应重点发展金融、物流等生产性服务业，加快发展文化、旅游产业，积极发展生活性服务业。

成渝地区应着眼于建设区域性金融中心，完善金融机构、金融市场、金融服务和金融监管体系，通过优化整合、引进和组建的方式，进一步集聚各类金融机构和金融人才；围绕建设区域性物流中心，拓展航空、水运、铁路及公路网络，促进物流服务产业链发展；以人才优势为支撑，以创新驱动为动力，大力发展科技与研发设计、软件与信息服务业，提升科技与研发设计水平，构建具有竞争优势的软件与信息服务业高地；围绕建设区域性商贸中心，大力发展商贸、房地产等产业，以新型商贸业态发展来调整和优化商业布局结构；完善文化产业和文化市场体系，促进科技、创意与文化融合发展，促进文化休闲娱乐业、创意和时尚、印刷包装等产业发展；发展会展业和旅游业，以国际会展、特色旅游产品推动会展旅游业与相关产业的融合发展；积极发展社区服务、健康与体育服务业，用信息技术和现代经营理念提升传统服务业，创建

① 数据来源：据 2004—2016 年《四川统计年鉴》、2004—2016 年《重庆统计年鉴》数据整理而来。

服务业品牌，打造现代服务业集聚区。

在大力促进服务业发展的同时，成渝地区应减少服务业发展对环境的影响。成渝地区历年第三产业总产值构成中，其他服务业、批发和零售业、交通运输、仓储及邮政业、房地产业、住宿和餐饮业是第三产业产值构成中的主导产业，产值构成比例大，历年产值还在不断增大。而以上服务业发展对环境污染影响较大，交通运输、仓储及邮政业发展消耗大量煤、石油、天然气，并排放二氧化碳、二氧化硫、氮氧化物等有毒有害气体；房地产业的发展不仅带动水泥、钢铁、化工等“两高”产业发展，还在房屋建设过程中产生大量固体废弃物、扬尘等；住宿和餐饮业发展也伴随着水污染、空气污染和固体废弃物的产生。因此，成渝地区应加大对以上行业发展过程中的污染排放控制，交通运输、仓储及邮政业发展应减少对化石能源的依赖，加大清洁能源的供给，提高能源利用效率和改善能源消费结构；房地产业应促进绿色建筑的普及，从建筑的设计、施工、材料、设施、后期管理等各方面促进绿色建筑和节能产品的推广；住宿和餐饮业应减少对水、电、气的消耗，提高用能效率，减少生活污水、生活垃圾的排放。同时，第三产业中的市政设施、环境卫生、园林绿化等相关行业有利于减少污染排放和环境保护，成渝地区应加大对这些环境友好型行业的投入，促进这些行业市场化发展的途径，开放和吸收社会资金投入环保型第三产业，形成生态效益和经济效益双赢的局面。

第六章　成渝地区资源环境与经济协调发展路径二：消费方式绿色转型

第一节　消费方式绿色转型的内涵

消费是一种经济行为，是指人们在生产和生活过程中消耗物质资料和享受服务的行为表现，是社会再生产的最终环节。社会再生产过程包括生产、分配、交换和消费四个环节，其中生产是起点，分配和交换是中间环节，消费是终点。在消费环节中，产品脱离了社会再生产活动，直接成为个人根据自身需要享用的对象，成为生产和生活的消费品。

消费从不同的角度可以划分成不同的类型。首先，从消费的主体来看，消费可以划分为生活消费和生产消费。这是目前最主要的划分方法。生活消费是指消费主体在一定消费观念和消费能力的支配下，为满足生活需要，消耗生活资料（产品）或者享受服务的行为和过程。生产消费是在物质资料的生产过程中生产资料和劳动力等生产要素的使用和消耗。与生活消费相对应，生产消费是一种直接的生产行为，将产生生产主体和生产客体的消费。生产主体的消费主要是指劳动力的消费，即个人在生产过程中消耗自己的能力，并发展自己能力的过程。生产客体的消费主要是指生产作用的客体即原料、燃料、厂房、机器等生产资料在生产过程中的消耗，使其丧失使用价值，被消耗的部分重新分解为一般元素，从而形成新产品的使用价值。其次，从消费内容来看，生产消费主要是劳动力、生产资料等生产要素的消耗；生活消费主要是生活资料及服务等物质产品和精神产品的消费。然而从消费对象，即消费品的物质形态来划分，大致可分成资源性产品和最终消费品。资源性产品包括水、能源、土地、矿产等，其既是人类赖以生存的物质基础，也是经济社会发展非常重要的战略性资源。随着经济的飞速发展和人口的急剧增长，水、能源、土地、矿产等资源也随之出现减少甚至枯竭的现象，供需不足的矛盾越来越突出，资源利用和环境保护形势愈发严峻。消费品的另一种形态就是最终消费品，如工农业产品，是劳动力和生产资料结合生产出的商品。对这些商品的利用方式是否绿色、低碳，以及这些产品本身是否是环境友好型的，也在很大程度上影响着经济与环境的关系。

绿色消费是一种全新的消费方式和生活理念，由绿色消费认知、绿色消费态度和绿色消费行为三部分构成。绿色消费是以保护消费者健康和节约资源为主旨、符合人的健康和环境保护标准的各种消费行为的总称，其核心是可持续性消费。从广义上来讲的，这一概念既包括消费行为又提及了消费认知和观念。绿色消费认知是指对绿色消费及相关知识的了解和熟悉情况；绿色观念是指对绿色消费的心理倾向；绿色消费行为是指在消费过程中发生的具体行为，例如不使用一次性产品、购买节能产品等。①

本研究将从生产消费方式转变和生活消费方式转变两个角度探讨成渝地区消费方式转型的问题。在生产消费方式转变中主要探讨能源、资源等生产资料的节约、高效利用；在生活消费方式转变中主要探讨建立绿色消费模式，促进绿色消费观念的形成、绿色消费行为的普及以及绿色消费制度的完善。

---

① 白林光，万晨阳. 城市居民绿色消费现状及影响因素调查［J］. 消费经济，2012（4）.

第二节 成渝地区生产性消费方式绿色转型

一、成渝地区能源消费现状及绿色转型对策

（一）能源消费和能源消费结构

1. 能源和能源消费

能源又称能源资源或者能量资源，是可以产生某种能量或可做功的物质的统称。能源可以产生光能、热能、风能、核能、化学能、生物质能、机械能等，在一定条件下转化成供人类生产、生活所需的燃料和动力。按照能源转换传递过程，能源可分为一次能源和二次能源。一次能源主要是指天然能源，即直接来源于自然界的能源，是自然界现实存在的能源。一次能源包括煤炭、石油、天然气、风能、水能、海洋能等，其中煤炭、石油、天然气是一次能源的核心。二次能源主要是指能源产品，是由一次能源直接或者间接转换而成的，包括汽油、煤气、电力、蒸汽、沼气等。一次能源按照属性划分，可分为可再生能源和非可再生能源。可再生能源是指可以得到补充或者在较短的周期内可以实现再产生的能源，包括水能、太阳能、风能和生物质能等。与可再生能源相对应，非可再生能源具有不可再生性和稀缺性，包括煤、石油、天然气等。

能源消费是指生产、生活消耗能源的过程，是能源社会再生产过程的基本环节。能源消费主要包括生产性消费和生活性消费两个部分，是社会资料消费的重要组成。其中，生产性能源消费占整个社会能源消费的绝大部分，随着人们生活水平的提高，生活性能源消费也在不断上升。以煤炭、电力、天然气的消费为例，生产性能源消费主要是将能源作为生产要素引入生产过程，满足产品生产的需要，是一种要素需求；生活性能源消费主要是把能源作为某种产品，满足吃穿住行的需要，因而是一种商品需求。

2. 能源消费结构

能源消费结构和能源消费数量是反映和衡量一个地区能源消费情况的两个基本指标。能源消费包括能源的品种结构、部门结构和地区结构。能源的品种结构是最主要的能源消费结构形式，是指各种能源（煤炭、石油、天然气、电力等能源品种）在社会能源消费总量中的比例及构成。能源消费的部门结构是指能源在国民经济各产业和各经济部门之间消费的数量比例关系，包括能源在三次产业之间以及某个产业内部各部门之间的不同分配和消费情况。能源消费的地区结构主要是指能源在世界上不同国家之间，以及某一国家范围内各地区之间能源消费的数量比例和品种关系。

（二）能源消费与环境保护的关系

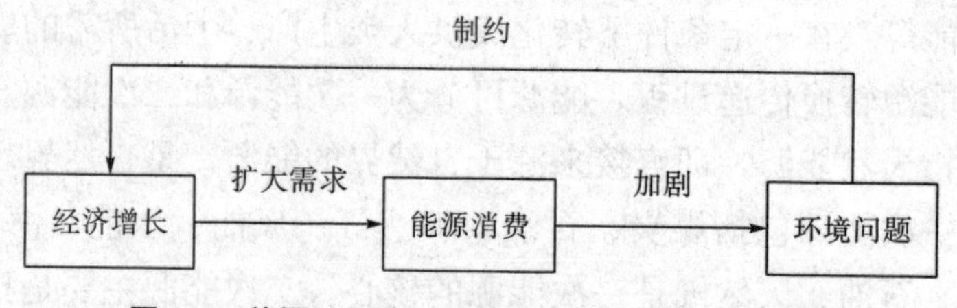

图 6.1　能源·经济·环境（3E）连锁反应关系图

能源消费与环境问题具有很强的关联性。其中，经济增长扮演着非常重要的角色，是产生能源消费和环境问题的最主要的动因。经济增长与能源消费和环境问题构成了能源·经济·环境（3E）连锁反应（如图 6.1 所示）。一方面，从“经济增长—能源消费—环境”的关系来看，经济的增长需要消耗数量庞大、类型多样的能源，而随着煤炭、石油等能源的消耗，产生了越来越严重的环境问题。另一方面，环境问题也将对经济增长起反作用，环境问题的产生和环境的破坏，必然会造成环境和经济的双重损失，从而在不同程度上制约经济发展的规模和速度。仅从能源消费和环境问题的关系来看，两者是存在明显的因果关系的。大量消耗能源，造成了环境恶化，也使生态遭到破坏，产生大气污染、水污染、固体废弃物污染等问题，出现酸雨、温室效应，使臭氧层遭到破坏等，特别是能源在生产、加工以及利用的过程当中，都会在一定程度上影响环境。同时，任何一种能源的开发及利用都会对土地资源、大气环境和水环境产生影响，特别是煤炭、石油等不可再生能源的开采和使用对环境的破坏最为严重。煤炭的开采会产生地表破坏，造成土地侵蚀和地面沉降，酸性矿水的流出污染了水环境，氧化硫、氧化氮和颗粒物质等的排出污染了大气；石油和天然气的开采会排放大量的废水，产生一氧化碳、氧化氮等气体。

（三）成渝地区能源消费特征

1. 能源消费总量小，增长速度快

2014 年，成渝地区能源消费总量达到 25997.74 万标准煤，与我国环渤海地区、珠江三角洲地区、长江三角洲地区相比，成渝地区能源消耗总量较小。在四大经济区中，能源消耗最高的是环渤海地区，能源消耗总量达到 136944.8984 万吨标准煤，其次为长江三角洲地区，达到 73982.48452 万吨标准煤（如图 6.2 所示）。

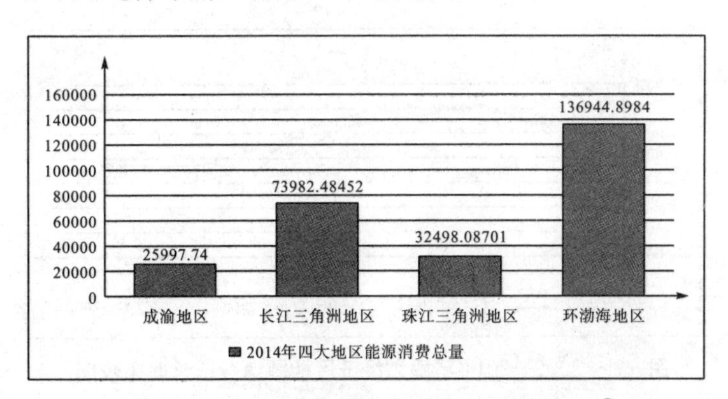

图 6.2　2014 年四大经济区能源消费总量情况[①]

2005 年以来，成渝地区的能源消费一直呈上升趋势，2012 年比 2005 年增加 9238.74 万标准煤，增长幅度达 55.13%。2007 年涨幅迅速加快，2008 年能源消费总量突破 20000 万吨标准煤，增长幅度达到 57.96%（如图 6.3 所示）。

① 数据来源：据 2015 年《中国统计年鉴》数据整理而来。本研究中川渝地区包括四川、重庆两省市，长江三角洲地区包括江苏、上海、浙江三省，珠江三角洲地区主要包括广东省，环渤海地区包括北京、辽宁、河北、天津、山东三省两市。

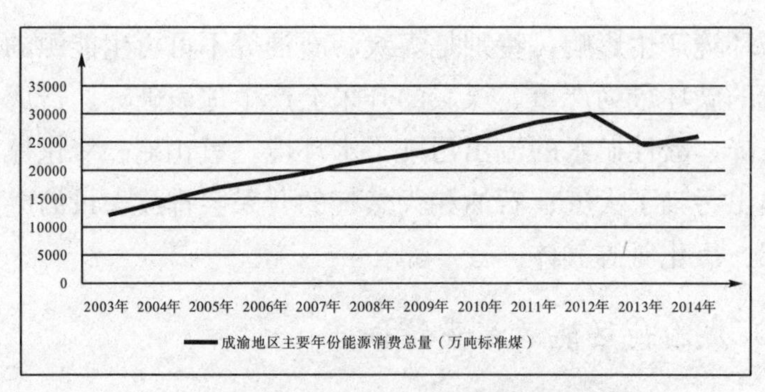

图 6.3　成渝地区主要年份能源总量走势图[①]

与其他三大经济区相比，2009—2014 年，成渝地区能源消费增长率均高于其他经济区。2011 年开始，四大经济区能源消费增长率均呈现下降趋势。但是 2012 年，成渝地区能源消费增长率达到 5%，仍高于其他三大经济区，分别高于长江三角洲地区、珠江三角洲地区、环渤海地区 1 个百分点、3 个百分点和 1 个百分点（如图 6.4 所示）。

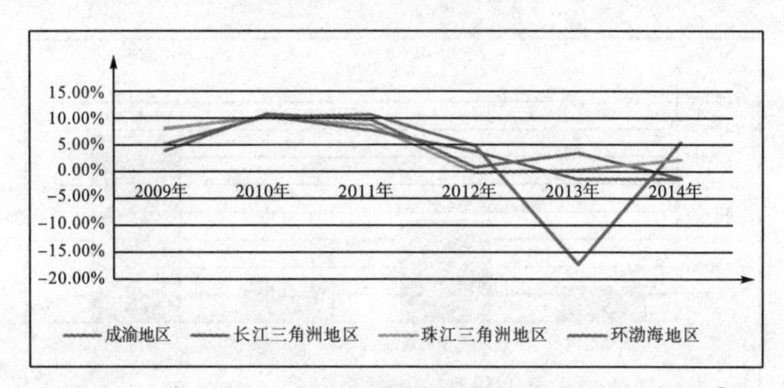

图 6.4　2009—2014 年四大经济区能源消费增长率比较图[②]

2. 能源综合利用效率逐年提高，单位 GDP 能耗总量仍然较大

单位 GDP 能耗是指一个国家或地区能源消费总量与国内生产总值（或地区生产总值）的比率。单位 GDP 能耗是一个能源利用效率指标，主要用来反映能源消费水平以及节能降耗情况，也能够综合体现一个地区的经济结构、能源利用的技术水平和管理水平。成渝地区能源综合利用效率逐渐增强，2014 年，成渝地区单位 GDP 能耗达到 0.607 吨标准煤/万元，比 2005 年降低 0.937 吨标准煤/万元，降幅达 60.7%。

① 数据来源：据 2004—2015 年《中国统计年鉴》数据整理而来。
② 数据来源：据 2008—2015 年《中国统计年鉴》数据整理而来。

2009—2012年，成渝地区单位GDP能耗一直呈逐年下降趋势。其中，2011年单位GDP能耗降幅最快，比上年下降10.5个百分点（见表6.1）。但是与其他三大经济区相比，成渝地区单位GDP能耗总量仍然较高。2014年，长江三角洲地区、珠江三角洲地区和环渤海地区单位GDP能耗分别为0.574吨标准煤/万元、0.479吨标准煤/万元和0.886吨标准煤/万元。成渝地区单位GDP能耗高于长江三角洲地区和珠江三角洲地区，是单位GDP能耗最低的珠江三角洲地区的1.27倍。

表6.1　2008—2014年成渝地区单位GDP能耗及增长幅度情况①

年份	单位GDP能耗（吨标准煤/万元）	比上年增长幅度
2008	1.175	−11.2%
2009	1.129	−3.9%
2010	1.025	−9.2%
2011	0.918	−10.5%
2012	0.846	−7.8%
2013	0.630	−2.6%
2014	0.607	−3.7%

由于工业化进程和经济发展的差异，成渝地区内各地区单位GDP能耗水平也存在很大的差距。以成渝地区四川部分地区为例，单位GDP能耗水平的地区差异较大。其中，成都是单位GDP能耗和单位工业增加值能耗最低的地区，达州是单位GDP能耗和单位工业增加值能耗最高的地区（见表6.2）。

① 数据来源：据2009—2015年《四川统计年鉴》、2009—2015年《重庆统计年鉴》数据整理而来。

表 6.2　2012 年成渝地区（四川部分）各市（州）能源消费效率情况①

地区	单位 GDP 能耗（吨标准煤/万元）	单位工业增加值能耗（吨标准煤/万元）
成都	0.682	0.849
自贡	1.054	1.473
泸州	1.219	2.207
德阳	1.074	1.264
绵阳	1.183	1.797
遂宁	1.083	1.947
内江	1.710	2.696
乐山	1.821	2.367
南充	1.005	1.397
眉山	1.457	2.363
宜宾	1.240	2.011
广安	1.823	2.466
达州	1.846	3.165
雅安	0.974	1.366
资阳	0.867	1.084

3. 能源消费结构有待优化

成渝地区能源消费结构主要还是以煤炭为主，其次是油料，天然气、电力等洁净能源占能源消费总量的比例较小。2014 年，成渝地区能源消费总量达 25997.74 万吨标准煤②，其中消费煤炭 14365.78 万吨标准煤，占能源消费总量的 55.26%；消费油品燃料 5086.74 万吨标准煤，占能源消费总量的 19.57%；消费天然气 3003.21 万标准煤，占能源消费总量的 11.55%；消费电力 3542.01 万吨标准煤，占能源消费总量的 13.62%。成渝地区的能源消费结构亟待优化。2005 年以来，成渝地区煤炭消费量一直保持在 60%左右。与 2013 年相比，油品燃料和天

① 数据来源：据 2014 年《四川统计年鉴》数据整理而来。

② 注：此处能源消费量按当量值计算，其余能源消费指标均按等价值计算。能源消费指标按国家标准《综合能耗计算通则》（GBT－2589—2008）折算系数。

然气消费占能源消费总量的比例呈上升态势，分别增加 2.46％和 0.71％；煤炭和电力消费占能源消费总量的比例呈下降态势，分别减少 3.04％和 0.13％（如图 6.5、6.6 所示）。

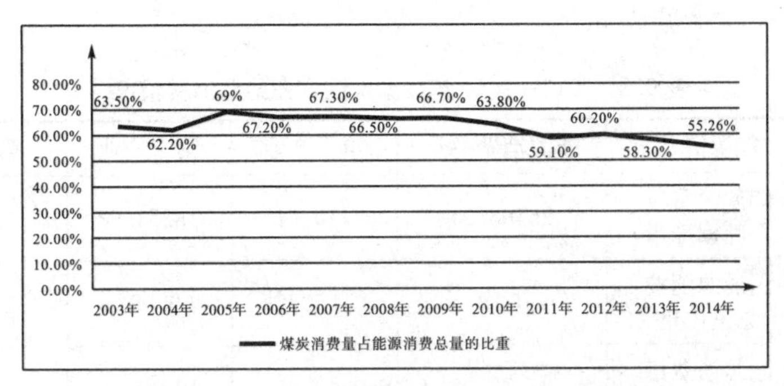

图 6.5　2003—2014 年成渝地区煤炭消费情况①

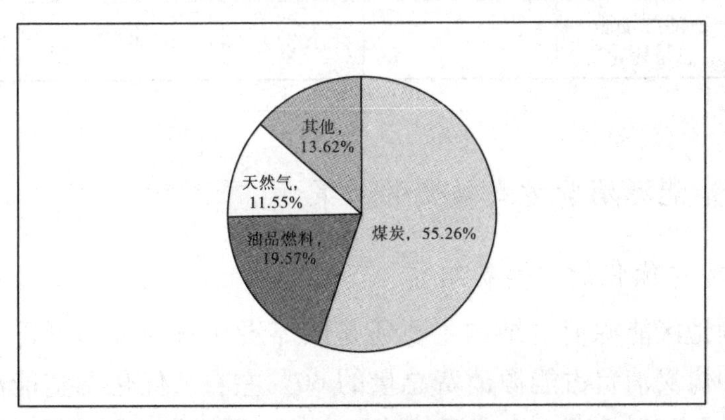

图 6.6　2014 年成渝地区消费能源品种构成图②

4. 产业能源消费结构渐趋合理

成渝地区产业能源消费主要还是以第二产业消费为主，其次是第三产业和第一产业。2014 年，成渝地区能源消费总量达到 27272.97 万吨标准煤，其中第一产业能源消费 369.96 万吨标准煤，第二产业能源消费 19210.05 万吨标准煤，第三产业能源消费 3829.68 万吨标准煤。成渝地区第一产业和第三产业能源消费占总能源消费的比重下降，第二产业能源消费占能源消费总量的比重上升。其中，第二产业能源消费占能

① 数据来源：据 2004—2015 年《四川统计年鉴》、2004—2015 年《重庆统计年鉴》数据整理而来。

② 数据来源：据 2015 年《四川统计年鉴》、2015 年《重庆统计年鉴》数据整理而来。

源消费总量的比重为69.67%，比上年增加0.62个百分点；第一产业能源消费占能源消费总量的比重为1.34%，比上年减少0.21个百分点；第三产业能源消费占能源消费总量的比重为13.89%，比上年减少0.6个百分点（见表6.3）。

表6.3　2013—2014年成渝地区产业能源消费情况①

年份	能源消费	能源消费总量	第一产业	第二产业	第三产业
2013	能源消费量（万吨标准煤）	26465.91	410.61	18274.33	3835.81
	占能源消费总量比重	100%	1.55%	69.05%	14.49%
2014	能源消费量（万吨标准煤）	27572.97	369.96	19210.05	3829.68
	占能源消费总量比重	100%	1.34%	69.67%	13.89%

（四）能源消费方式转变的对策

1. 大力优化能源消费结构

成渝地区能源消费结构主要还是以煤炭和石油等不可再生能源为主，其中煤炭消费占能源消费总量的60%左右。优化调整能源消费结构，一是要降低不可再生能源的消耗比例，严格煤炭消费量，积极发展洁净煤技术，提高煤炭利用效率。同时，加大生物燃料乙醇、车用乙醇汽油以及非粮食生物燃料等煤炭、石油替代能源的研究和应用。二是要不断提高清洁能源消费的比重，加大天然气、水电的开发和利用。三是加快制定相关鼓励政策，大力发展太阳能、风能、地热能、沼气、生物质能等可再生能源。

2. 加快调整产业结构

一是加快调整三次产业结构。大力发展能耗低、附加值高和科技含量高的现代服务业，积极发展战略性新兴产业，加快形成以第三产业为

① 数据来源：据2014—2015年《四川统计年鉴》、2014—2015年《重庆统计年鉴》数据整理而来。

主体的产业结构。二是加快工业内部行业结构调整。改造提升传统制造业，加快发展机械、汽车等能耗低的制造业，降低高耗能行业在工业总量中的比重。优先发展以电子信息、生物工程等高新技术产业为代表的耗能低、污染低、科技含量高的行业，不断降低冶金、化工、建材等高耗能、高污染行业的比重。三是加快调整高能耗行业的产品结构，如钢铁行业产品结构调整的重点在于提高高档次的板管材的产量和质量。

3. 加强节能技术创新

依靠科技进步，不断增强自主创新能力是节约利用能源资源的关键。一是加强高能耗、高污染排放企业的工艺和技术改造。推进钢铁、石化、有色、建材等重点行业节能减排，进一步淘汰落后的工艺、装备和产品，发展节能型、高附加值的产品和装备。建立节能评估审查制度，不断完善重点行业单位产品能耗限额强制性标准体系。二是加强节能减排和共性技术攻关。给予一定的政策和资金支持，鼓励有能力的企业承担节能减排重大技术项目。三是加快建立以企业为主，产学研结合的节能减排技术创新和成果转化体系。以研究型大学、高新技术产业园区为载体，加强高校和企业的联系，引导和鼓励企业和高校建立合作团队或研发基地共同开发节能减排技术。

二、成渝地区水资源消费现状及绿色转型对策

（一）水资源与生态环境保护

1. 水资源功能

水是一种特殊的生态资源，具有重要的经济服务功能和生态服务功能。水资源的经济服务功能主要是指水资源能够为人类的经济和社会发展提供各类物质产品以及精神产品，从而为人类的生产与日常生活活动服务，如生活用水、生产用水，还可以利用水资源进行渔业养殖、水力发电、航道运输等经济活动。水资源还具有非常重要的生态服务功能。水资源的生态服务功能是指水资源具有维持自然生态系统结构、自然生态过程和区域生态环境的功能。水资源生态服务功能的作用机理主要在

于通过生态调节和生态支持两个功能达到维持生态系统平衡的目的。

2. 水资源过度消耗的主要环境问题

工业用水过度消耗带来的环境问题。一是随着工业用水的增多，在没有进行排污技术改造的前提下，工业废水的排出量也会随之正比例增加；二是稀释了工业废水的浓度，不便于综合利用；三是增加了工业废水的无害化处理费用。

农业用水过度消耗带来的环境问题。一是农业灌溉用水的浪费会增加肥料的流失；二是随着带有农药的水的大量下渗，可导致地下水污染；三是可导致地下水位上涨，从而引起土壤盐碱化。

水资源过度开采带来的环境问题。生产和生活用水量的加大增加了水资源的开采力度，从而带来了一系列的环境问题。首先是地面水的过量采用，不仅导致河流下游地区水量减少，从而产生绿洲消失、沙化增加、湖泊萎缩等问题，同时还使水质遭到严重破坏。其次，由于地面水是有限的，人们转而开发地下水。但是地下水的过度开采会使地下水位大幅下降，地下水位的下降一方面可能会导致大面积地面下沉，从而加重地裂缝的发展，使环境地质恶化；另一面还可使水质逐步恶化。

（二）成渝地区生产性水资源消费特征

1. 农业、工业用水比例较大

从用水结构来看，成渝地区水资源消费主要集中在农业生产和工业生产中。2015 年，成渝地区用水总量为 344.4 亿立方米，其中农业用水 182.5 亿立方米，占用水总量的 53%；工业用水 87.9 亿立方米，占用水总量的 25.52%；生活用水 67.9 亿立方米，占用水总量的 19.72%；生态用水 6.1 亿立方米，占用水总量的 1.77%（如图 6.7 所示）。大量的水资源用于农业和工业生产，一方面农业和工业生产本身属于一种资源粗放利用的生产方式，另一方面由于农业和工业生产挤占了生态用水，也会带来一系列的环境问题。因此，必须提高水资源的集约节约利用水平。

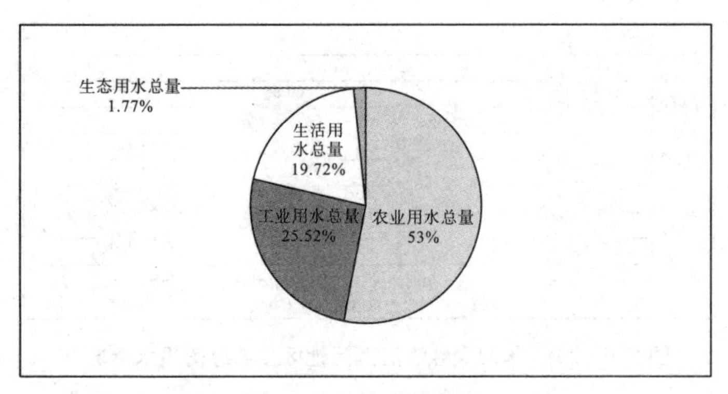

图 6.7　2015 年成渝地区用水结构图①

2. 万元地区生产总值用水效率需进一步增强

“十一五”以来，成渝地区用水效率逐步增强，万元 GDP 用水量由 2005 年的 261.19 立方米下降到 2015 年的 75.25 立方米，下降幅度达 71.19%（如图 6.8 所示）。但是与其他三大经济区相比，成渝地区万元地区生产总值用水量仍然较高，位于四大经济首位，比最低的环渤海地区高 46.44 立方米，约是环渤海地区的 2 倍（如图 6.9 所示）。

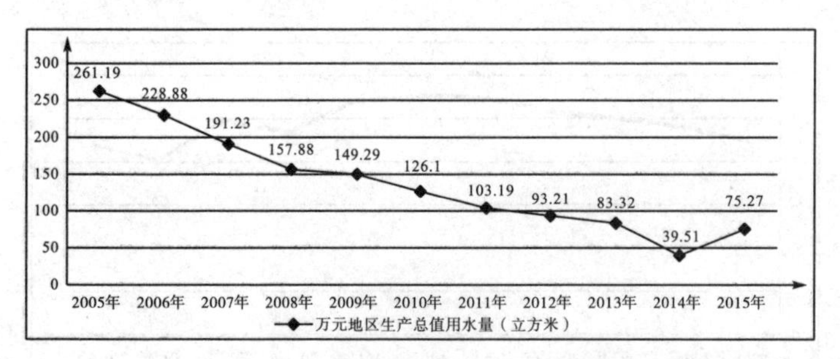

图 6.8　2005—2015 年成渝地区万元地区生产总值用水量变化趋势图②

① 数据来源：据 2016 年《四川统计年鉴》、2016 年《重庆统计年鉴》数据整理而来。

② 数据来源：据 2006—2016 年《四川统计年鉴》、2006—2016 年《重庆统计年鉴》数据整理而来。

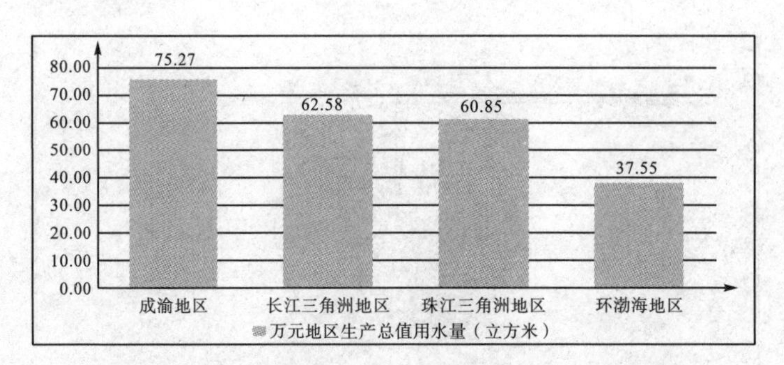

图 6.9　2015 年四大经济区万元地区生产总值用水情况①

3. 工业用水效率有待进一步提高

工业用水一般指工、矿企业在生产过程中用于制造、加工、冷却、空调、净化、洗涤等方面的用水，是取用的新鲜水量，不含企业内部的重复利用水量。工业需水量及其变化主要由整个工业的增加值、工业用水定额、工业用水重复利用率、工业用水价格和生产工艺等因素决定。“十一五”以来，成渝地区工业用水量增长缓慢，特别是从 2011 年开始出现下降趋势。2012 年，成渝地区工业用水量达到 94.19 亿立方米，比 2005 年增长 4.41 亿立方米，增长幅度为 4.91%（如图 6.10 所示）。

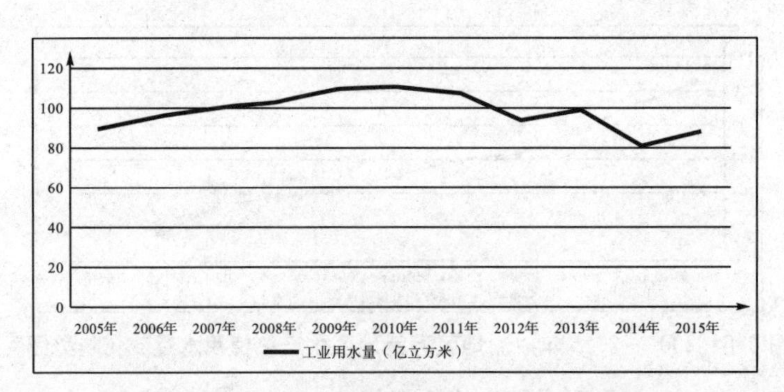

图 6.10　2005—2015 年成渝地区工业用水量变化图②

2005—2015 年，成渝地区工业用水效率逐步增强。2015 年川渝地区工业万元增加值用水量为 52.96 立方米，是全国平均水平（56.44）的 0.94 倍，比 2005 年的 234.97 立方米下降了 182.01 立方米，下降幅

① 数据来源：据 2016 年《四川统计年鉴》、2016 年《重庆统计年鉴》数据整理而来。
② 数据来源：据 2006—2016 年《四川统计年鉴》、2006—2016 年《重庆统计年鉴》数据整理而来。

度达到 77.46%。但是与其他三大经济区相比，成渝地区工业万元增加值用水量仍然较高。2015 年，长江三角洲地区工业万元增加值用水量最高，为 67.82 立方米，其次是成渝地区。成渝地区工业万元增加值用水量比最低的环渤海地区高 39.31 立方米，是环渤海地区的 3.88 倍（如图 6.11、6.12 所示）。

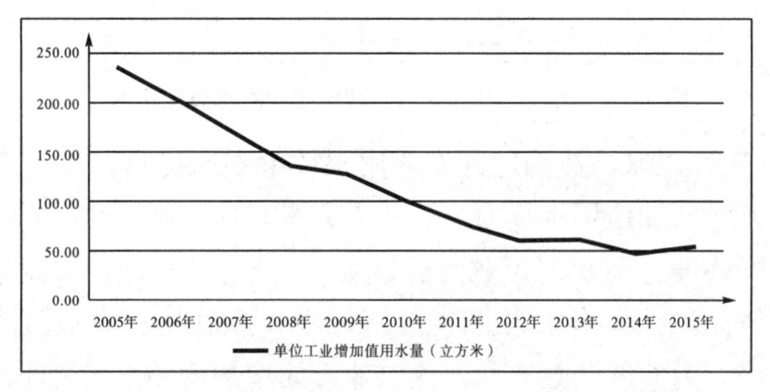

图 6.11　2005—2015 年成渝地区单位工业增加值用水量变化图[①]

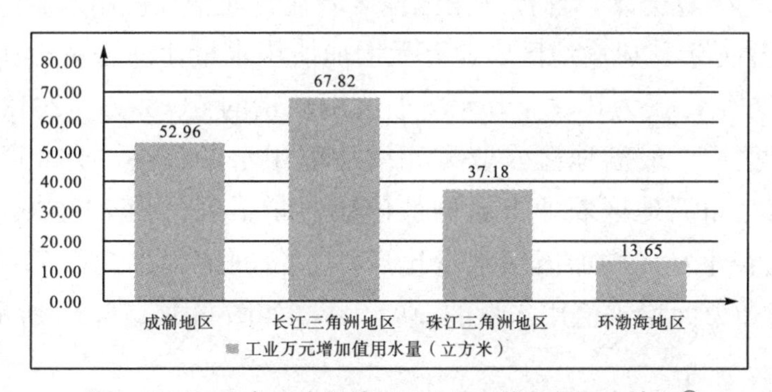

图 6.12　2015 年四大经济区工业万元增加值用水情况[②]

4. 农业用水总量增长幅度较小，效率较高

2015 年成渝地区农业用水量达 182.5 亿立方米，比 2005 年增加 39.28 亿立方米，增长幅度为 27.43%。2005—2008 年，成渝地区农业用水总量呈下降趋势，2009 年开始小幅度上升（如图 6.13 所示）。

① 数据来源：据 2006—2016 年《四川统计年鉴》、2006—2016 年《重庆统计年鉴》数据整理而来。

② 数据来源：据 2016 年《四川统计年鉴》、2016 年《重庆统计年鉴》数据整理而来。

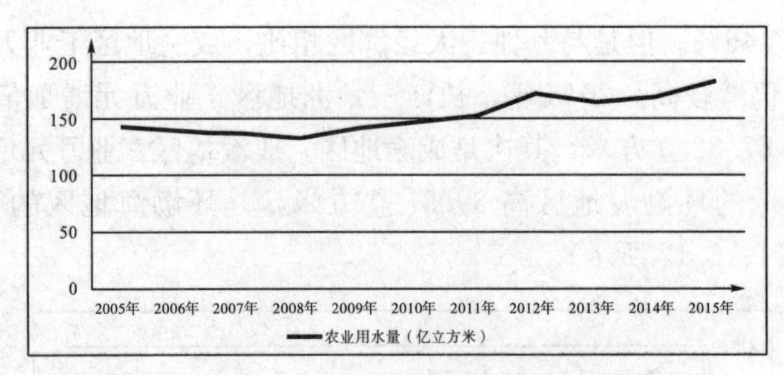

图 6.13　2005—2015 年成渝地区农业用水量变化图[①]

“十一五”以来，成渝地区农业用水效率不断提高。2014 年，成渝地区农业万元增加值用水量为 592.8 立方米，比 2005 年减少 781.94 立方米，下降幅度达到 56.88%。与其他三大经济区相比，成渝地区农业用水效率较高。2014 年，在四大经济区中，成渝地区农业万元增加值用水量较小，为 639.7 立方米，比农业万元增加值用水量最小的环渤海地区多 32.75 立方米；珠江三角洲地区农业万元增加值用水量最高，为 1244.72 立方米。成渝地区农业万元增加值用水量比珠江三角洲地区少 605.2 立方米，仅为其农业万元增加值用水量的 51.39%。2012 年，在四大经济区中，成渝地区农业万元增加值用水量最小，为 403.5 立方米；珠江三角洲地区农业万元增加值用水量最高，为 799.29 立方米。成渝地区农业万元增加值用水量比珠江三角洲地区少 395.79 立方米，仅为其农业万元增加值用水量的 50.48%（如图 6.14、6.15 所示）。

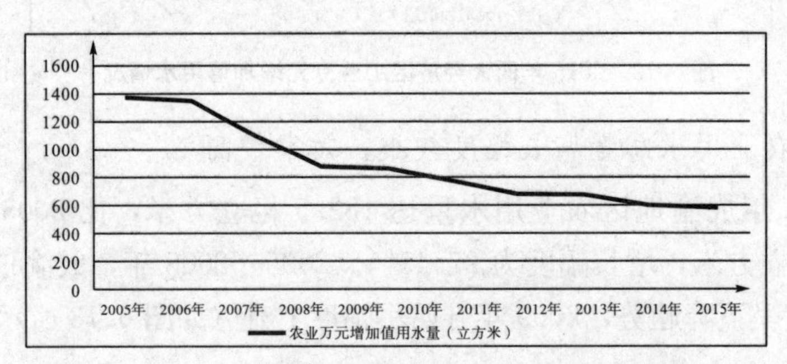

图 6.14　2005—2014 年成渝地区农业万元增加值用水量变化图[②]

① 数据来源：据 2006—2016 年《四川统计年鉴》、2006—2016 年《重庆统计年鉴》数据整理而来。
② 数据来源：据 2006—2015 年《四川统计年鉴》、2006—2015 年《重庆统计年鉴》数据整理而来。

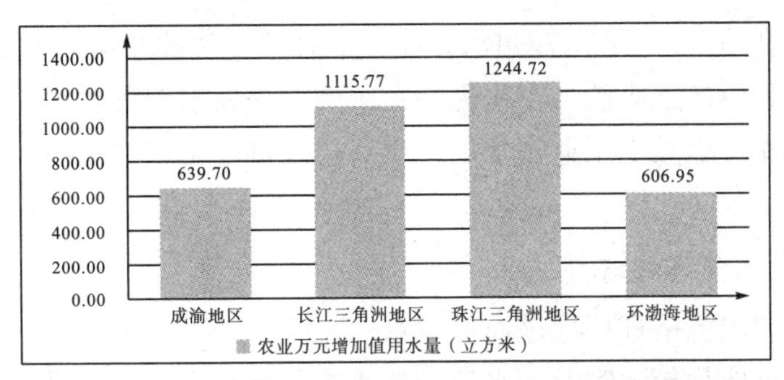

图 6.15　2014 年四大经济区农业万元增加值用水量比较图[1]

（三）节约利用水资源对策

1. 节约有效利用工业用水

一是优化区域工业用水格局。

为了确保区域水资源的平衡利用，成渝地区政府部门有必要加强宏观调控，调整优化工业空间布局。一方面，引导需水量较大的工业企业向水资源丰富地区聚集；另一方面，限制高耗水的工业企业在缺水干旱的地区生产、经营。

二是严格实行差别化水价。

实行差别化水价是目前调节工业用水需求的行之有效的手段之一。差别化水价主要是利用价格杠杆这一经济手段，通过改革和建立合理的价格形成机制，使水价能够真实、全面地反映水资源紧张程度和供求关系，从而引导工业企业节约用水。一方面，对工业实际用水量超过核定用水计划的，按规定实施超计划用水累进加价办法；另一方面，对高污染、高耗水的企业，如医药、化工、造纸、化纤、印染、制革、冶炼等实行差别化水价政策。

三是加强节水型企业建设。

一是改造出产工艺和用水工艺。通过采用省水新工艺、无污染或少污染技术，以及新的节水器，最大限度地减少生产过程中的用水量和漏损水量，实现工业用水的“减量化”。二是加强中水的利用。可以把中水作为冷却水运用到生产过程中，不断提高中水的使用量，促进工业用

① 数据来源：据 2015 年《四川统计年鉴》、2015 年《重庆统计年鉴》数据整理而来。

水的“再利用”。三是完善回水系统。加强工业废水处理，将处理过后的废水用到生产工序的各个水循环系统中，提高水的重复利用率，减少用水量，相应地减少工业污水的产生和排放量，实现工业用水的“再循环”。

2. 节约有效利用农业用水

一是利用价格杠杆促进农业节水。

水价过低是导致农业用水浪费严重的重要原因之一，因此要不断健全水资源价格体系。一是针对不同类别的农业用水，如农业新水或再生水实行差别化价格体系。二是在差别化水资源价格体系的基础上适当提高水价，并且对超过用水定额的部分实行累进加价。

二是推广农业节水技术。

在农业用水中，灌溉用水一般占到90%左右，因此农业节水主要是灌溉节水。首先，加强农业水利基础设施建设，在区域内推广运用喷灌、滴灌、间歇灌等先进灌溉技术。一是改造维修已存在渗漏的输水渠道；二是加大灌溉节水工程覆盖面积；三是在城市的近郊地区铺设再生管道系统，将生活污水经过处理达标后，用于农业灌溉用水。其次，通过采用生物节水技术、生物基因工程技术，积极培育和大力推广抗旱节水型农作物品种，采用密植间作套种技术等，不断提高农作物的水分利用率。同时，现代农业的发展离不开信息技术的发展，节约利用农业用水也需要高新技术的支持，从而提高农业用水效率。

三、成渝地区土地资源消费现状及绿色转型对策

（一）土地资源与生态环境保护

生态系统的生态服务价值主要是指生态系统能够提供的环境价值中无形的具有功能性的服务价值。土地生态系统中的各种要素都具有自身特定、有效的生态服务功能。例如，森林的生态服务功能就包括生产有机物、涵养水源、保持水土、吸纳二氧化碳、产生氧气、保持生物多样性、净化空气等价值。此外，土地生态系统中的其他要素还能够为人类提供生产、生活用品，如食品、水、木材等，是人类生存和发展的

基础。

土地对生态系统的运行起着至关重要的作用。土地不仅是一切陆地生态系统的载体，更是人类任何经济社会活动的载体。然而，产生土地生态问题的主要原因在于人类不合理的土地利用活动和方式，导致土地利用结构发生变化，包括土地利用类型的种类、土地面积和土地的空间位置都发生变化，从而引起各种生态系统类型、面积和空间的分布格局发生改变。这些活动通过影响生态系统，进而影响生态系统的生态服务价值，从而产生一系列土地生态问题。目前，城市土地生态问题也越来越突出，主要是随着城市工业用地和建设用地的增加，地面结构发生变化，导致水循环阻滞，带来了一系列的环境问题。比如水泥、沥青等不透水铺砌地面的增加，影响了土地本身的水循环，暴雨过后容易形成水患。

（二）成渝地区土地资源利用特征

1. 土地整体利用结构较合理

在我国，根据利用方式土地大致可以分为农用地、建设用地和未利用地。其中，农用地是指直接用于农业生产的土地，包括耕地、园地、林地和牧草地等。建设用地是指建造建筑物、构筑物的土地，主要包括居民点及工矿用地、交通运输用地和水利设施用地等。根据国家统计局2016年的调查数据，成渝地区农用地为4926.1万公顷，占土地总面积的86.67%；建设用地为246.88万公顷，占土地总面积的4.34%。与其他三大经济区相比，成渝地区土地利用结构较优，农用地占土地总面积比例最大，接近87%，同时建设用地占土地总面积的比例较小，还不到5%。而长江三角洲地区随着城镇化和产业发展的加速，建设用地占土地总面积的比例已达18.32%，比成渝地区高13.98个百分点。珠江三角洲地区和环渤海地区的建设用地占土地总面积的比例也较大，分别为11.15%和14.19%（见表6.4）。国家应该严格控制建设用地规模，防范农用地随意被侵占和改变用途的现象。

表 6.4　2008 年四大经济区土地利用情况①

四大经济区	调查土地面积	农用地	农用地面积占土地总面积的比例	建设用地	建设用地占土地总面积的比例
成渝地区	5684	4926.1	86.67%	246.88	4.34%
长江三角洲地区	2107.41	1542.49	73.19%	385.99	18.32%
珠江三角洲地区	1798	1497.29	83.28%	200.46	11.15%
环渤海地区	5214.27	3799.26	72.86%	739.99	14.19%

2. 城市建设用地增长较快，城市人均用地水平较低

2015 年成渝地区城市建设用地达到 3342.6 平方公里，比 2005 年（1905 平方公里）增加 1437.6 平方公里，增长幅度达到 75.5%。环渤海地区 2015 年城市建设用地为 10953.91 平方公里，比 2005 年（6083.69 平方公里）增长 80.1%。长江三角洲地区和珠江三角洲地区城市建设用地分别比 2005 年增长 131.47%和 61.01%。成渝地区城市人均用地水平较低。2015 年川渝地区城镇人均用地为 58.12 平方米，低于全国平均水平（66.89 平方米）。在四大经济区中，成渝地区城市人均用地水平最低，为最高的长江三角洲地区（86.69 平方米）的 67.1%（如图 6.16 所示）。

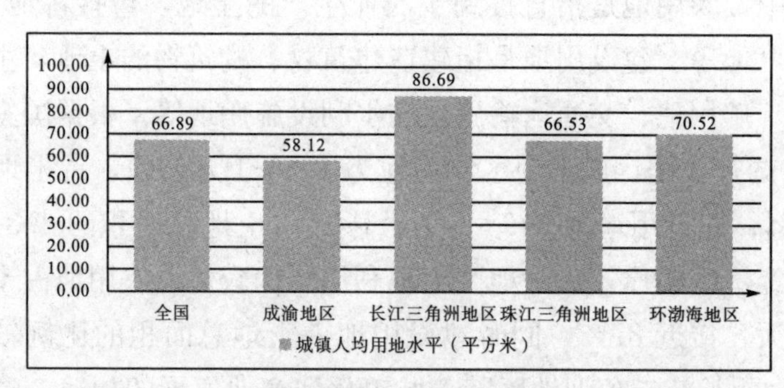

图 6.16　2015 年全国和四大经济区城镇人均用地水平②

3. 产业用地比例较高

与我国绝大多数地区一样，成渝地区城市土地利用结构不合理，各

① 数据来源：《中国统计年鉴 2016》。

② 数据来源：据 2016 年《四川统计年鉴》、2016 年《重庆统计年鉴》、2016 年《中国统计年鉴》数据整理而来。

类用地比例失调，产业用地比例过高，生活用地比例偏少。许多市县的国土部门违法授予园区土地供应审批权，园区用地未批先用、非法占用、违法交易的现象较为严重，造成产业的重复建设和土地浪费。以四川省为例，根据四川省产业园区网，四川省产业园区已有200多家，规划面积达5372.82平方公里，远远超过四川省现有城镇建设用地总量（1856平方公里）。

表6.5 四川省产业园区及园区规划面积情况[①]

市（州）	调查产业园区数（个）	规划面积（平方公里）
成都	29	461.60
自贡	7	126.03
攀枝花	6	199.81
泸州	9	145.83
德阳	7	173.41
绵阳	11	133.21
广元	9	201.70
遂宁	7	192.51
内江	7	113.64
乐山	12	166.59
南充	9	287.18
宜宾	15	413.50
广安	6	197.33
达州	8	150.80
巴中	6	56.86
雅安	10	82.59
眉山	18	348.40
资阳	10	239.64
阿坝	4	15.13
甘孜州	1	1091.68
凉山州	13	575.38
小计	204	5372.82

① 数据来源：据四川省产业园区网站相关数据整理而来。

4. 耕地面积逐年减少

2008年，成渝地区耕地面积为9293.1万亩，人均耕地面积为0.85亩，仅为全国平均水平（1.37亩）的62%。以四川省为例，四川省耕地面积的变化趋势经历了两个阶段。从1996年至2003年，四川省耕地面积一直呈下降趋势；从2004年开始，四川省耕地面积开始缓慢增加，特别是从2007年开始，增长加快，到2010年已经接近2002年的水平（如图6.17所示）。人均耕地面积的变化也基本遵循了耕地面积的变化趋势，这主要得益于统筹城乡综合改革配套政策（见表6.6）。2007年成都市获批全国统筹城乡综合配套改革试验区，作为首批全国统筹城乡综合配套改革试验区，四川省同步确定自贡市、德阳市、广元市和17个县（市、区）开展统筹城乡综合配套改革梯度试点，通过土地确权、增减挂钩、占补平衡等一系列措施，四川省的耕地面积基本保持平稳的态势。

表6.6　2003—2014年四川省耕地面积及人均耕地面积变化情况①

年份	耕地面积（万亩）	人口（万人）②	人均耕地面积（亩）
2003	5855.55	8176	0.716
2004	5856.6	8090	0.724
2005	5859	8212	0.713
2006	5874.9	8169	0.719
2007	5918.85	8127	0.728
2008	5939.25	8138	0.73
2009	5964.15	8185	0.729
2010	6016.05	8045	0.748
2011	5975.1	8050	0.742
2012	5987.25	8076	0.741
2013	5990.7	8107	0.739
2014	5988.75	8140.2	0.736

① 数据来源：据2004—2015年《四川统计年鉴》数据整理而来。

② 注：2005年以前为户籍人口，2005年以后为常住人口。

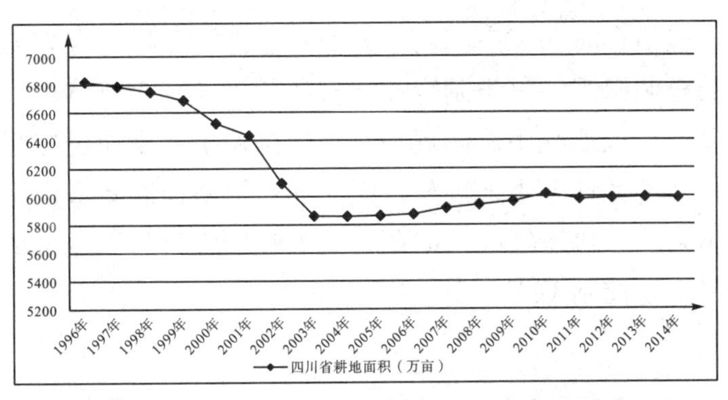

图 6.17　1996—2015 年四川省耕地面积变化趋势图[①]

（三）节约集约利用土地的对策

1. 科学规划工业用地，促进工业用地集中集聚

为了促进工业用地集中集聚布局，首先应科学编制土地利用规划，明确发展目标定位和发展步骤，对土地供应和基础设施建设作出明确部署。根据区域、园区类型和工业行业的不同，科学制定差别化的土地节约利用标准，在同一个工业园区内，要根据不同功能区的规划定位和要求来配置项目和土地。

2. 提高工业用地准入门槛，严格执行工业用地预审

各地政府应提高工业用地门槛，详细规定不同类型工业用地的投资强度、容积率、建筑密度和绿化率等重要指标。加强定额控制，科学制定土地价格和土地集约度调控系数。为提高土地利用效率，针对不同项目实行差别化的土地政策，对于土地利用率低的企业和项目要适当提高土地价格，对于土地投资强度较高的项目可以适当降低厂房租赁地税。此外，要严格执行工业用地预审制度，对于建设项目用地是否符合规划，以及是否符合国家的供地政策等要给予重点审查和高度重视。对于没有预审意见或者预审未通过的项目，不予核准。

3. 加大耕地保护力度，减少非农建设占用耕地

土地利用总体规划是超前对某一特定区域未来的土地利用类型的计

① 数据来源：据 1997—2015 年《四川统计年鉴》数据整理而来。

划与安排，包括在时间和空间两个方面对土地资源进行合理的分配以及土地利用的协调组织。科学制定和严格执行土地利用总体规划是保护耕地的主要手段。土地利用总体规划对土地调控主要是通过控制新增建设用地总量，杜绝无计划供地现象，同时通过严格控制新增占用耕地数量和基本农田来严守耕地红线。因此，地方政府应科学制定土地利用总体规划，做好土地控制工作。

第三节　成渝地区生活性能源消费方式绿色转型

一、成渝地区生活性能源消费现状及绿色转型对策

（一）生活性能源消费特征

2012 年成渝地区生活性能源消费量达到 3284.88 万吨标准煤，平均每人生活性能源消费 298.1 千克标准煤。

1. 人均生活性能源消费量较小

与我国其他三大经济区相比，成渝地区人均生活性能源消费总量较小。从表 6.7 可以看出，2008 年至 2012 年，成渝地区人均生活性消费能源量均小于全国平均水平和我国其他三大经济区。2012 年，人均生活性能源消费量最高的珠江三角洲地区达到 363.49 千克标准煤，是川渝地区 298.06 千克标准煤的 1.22 倍。从表中还可看出，四大经济区人均生活性能源消费量由于资源约束、技术以及消费意识等方面的原因，也在地区间发生着变化。2008 年至 2010 年，环渤海地区人均生活性能源消费量最大，其次是珠江三角洲地区、长江三角洲经济区和成渝地区。从 2011 年开始，珠江三角洲地区人均生活性能源消费量超过环渤海地区，成为四大经济区人均生活性能源消费量最大的地区，其次是环渤海地区、长江三角洲地区和川渝地区。

表 6.7 2008—2012 年四大经济区人均生活性能源消费情况①

（单位：千克标准煤）

四大经济区	2008 年	2009 年	2010 年	2011 年	2012 年
成渝地区	205.62	213.03	236.48	265.16	298.06
长江三角洲地区	214.80	230.44	257.76	272.49	296.93
珠江三角洲地区	285.76	289.45	296.18	351.88	363.49
环渤海地区	309.24	326.35	314.33	334.52	360.32

2. 人均生活性能源消费增速较快

从年均增速来看，成渝地区人均生活性能源消费年均增速达 10%，分别高于长江三角洲地区、珠江三角洲地区、环渤海地区 2 个百分点、4 个百分点和 6 个百分点。从发展趋势来看，2008—2012 年川渝地区人均生活性能源消费量一直呈上升趋势，2009 年比 2008 年增长 4%，2010 年比 2009 年增长 11%，2011 年比 2010 年增长 12%，2012 年增长率维持在 12%。而 2012 年其他三大经济区的增长幅度均低于川渝地区，特别是珠江三角洲地区比川渝地区低 9 个百分点（见表 6.8）。

表 6.8 2009—2012 年人均生活性能源消费增速情况②

四大经济区	2009 年	2010 年	2011 年	2012 年	年均增速
	比上年增长	比上年增长	比上年增长	比上年增长	
成渝地区	4%	11%	12%	12%	10%
长江三角洲地区	7%	12%	6%	9%	8%
珠江三角洲地区	1%	2%	19%	3%	6%
环渤海地区	6%	−4%	6%	8%	4%

（二）节约使用生活能源对策

1. 提高能源密集型产品能源使用效率

研究指出，随着经济水平的提高、消费能力的增长，我国居民对空

① 数据来源：据 2007—2016 年《中国统计年鉴》数据整理而来。
② 数据来源：据 2010—2016 年《中国统计年鉴》数据整理而来。

调、家用汽车、家用电脑等能源密集型产品的需求和购买增长迅速，能源密集型产品的大量使用导致我国能源消费总量不断增长。因此，提高能源密集型产品的能源使用效率成为控制居民能源消费快速增长的重要应对措施。一方面，通过技术创新、自主研发等手段改进产品性能，降低产品能耗，减少产品的污染排放水平；另一方面，通过宣传教育、政策引导提高居民的环保意识和环保行为，促进居民选择节能产品、清洁能源产品等。

2. 改革能源价格

进一步加大能源价格政策改革对居民能源消费具有引导作用。我国能源价格改革已经比较有效地促进了能源消费的节约，如我国最近提出的居民阶梯电价方案旨在提高电力价格杠杆对居民电力消费的影响作用，降低居民电力消费。①

二、成渝地区生活性水资源消费现状及绿色转型对策

（一）生活性水资源消费特征

1. 用水总量逐年增加

生活用水包括居民家庭和公共建筑用水。生活用水是保证人们能正常工作和生活的基础条件。随着人口的增长和城乡居民生活水平的提高，成渝地区生活用水量逐年增加。2012 年，成渝地区生活用水总量达到 60.43 亿立方米，比 2005 年增加 12.33 亿立方米，增长幅度为 25.6%（如图 6.18 所示）。

① 赵晓丽，李娜. 中国居民能源消费结构变化分析［J］. 中国软科学，2011（11）

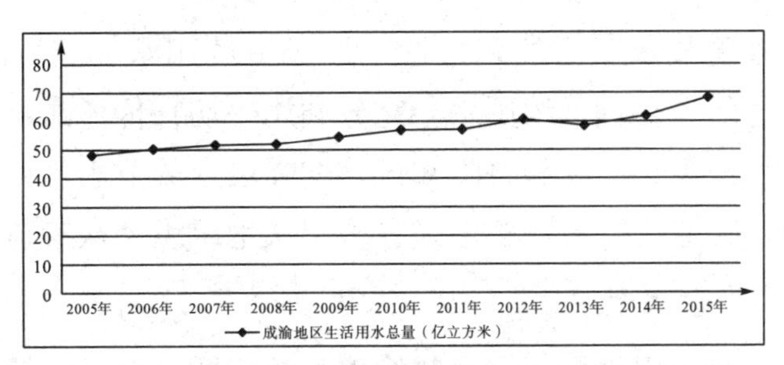

图 6.18　2005—2015 年成渝地区生活用水量变化图[①]

2. 人均生活用水量较小

从人均生活用水量来看，也是逐年增加的。2015 年，成渝地区人均生活用水量为 60.51 立方米，比 2005 年增加 16.69 立方米，增长幅度为 38.09%。但是与其他三大经济区相比，川渝地区人均用水量较小。2015 年，人均生活用水量最低的是环渤海地区，为 41.31 立方米，略低于川渝地区；人均生活用水量最高的为珠江三角洲地区，达到 90.61 立方米，是川渝地区的 1.50 倍（如图 6.19 所示）。

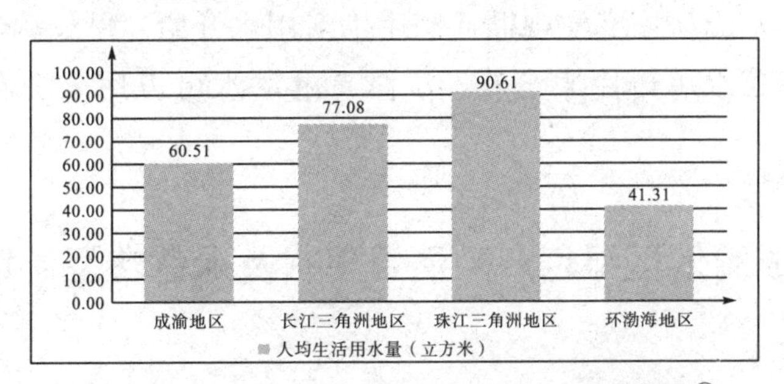

图 6.19　2015 年四大经济区人均生活用水比较图[②]

（二）生活节水措施

1. 加强节水宣传教育

政府要通过电视、广播、报纸等宣传媒体和幼儿园、小学、中学、大学的不同阶段的节水知识教育，使人们了解水资源的不可替代性和稀缺性，正确认识和对待人与水的关系，提高保护水资源意识，调动人们

① 数据来源：据 2006—2016 年《四川统计年鉴》、2006—2016 年《重庆统计年鉴》数据整理而来。

② 数据来源：据 2016 年《中国统计年鉴》数据整理而来。

参与节水、兴建节水工程的积极性，形成节约用水、减少水体污染意识，在日常生活中自觉节约用水。充分利用一切宣传形式，大力宣传节约用水方针、政策、法规和科学知识，增强公众的节水意识。建立健全节水工作的社会监督体系，多形式、多层次地组织公众参与节水工作。

2. 推广节水器具

节水器具的使用是提高家庭节约用水的重要方式。为促进节水器具的推广，一是要政府明确要求新建建筑完全使用节水器具，对老公共建筑要求限期更换节水器具；二是要以社区为单位，加强宣传节水器具的使用，提高居民购买使用节水器具的意识；三是政府制定安装节水器具的奖励措施，对生活用水设施全部采用节水器具的给予适当的物质奖励。[①]

3. 废污水重复利用

当前许多家庭节约用水意识淡薄，很少有家庭会重复利用生活用水。节约用水应从家庭实现循环利用生活用水开始。例如淘米水可以用来洗菜，洗菜水可以用来浇花，洗漱、淋浴水可以用来洗衣服或冲厕所等。

三、成渝地区绿色产品消费现状及绿色转型对策

（一）绿色产品消费现状——以绿色出行为例

绿色消费在我国起步较晚，西部地区更是如此，公众对绿色产品的认识不足，不符合绿色消费的生活方式大量存在，如空调温度夏季开得过低冬天过高、乘坐大排量汽车、在外就餐时喜欢吃山珍野味和稀有动物、大量使用洗涤剂和清新剂、离开房间忘记关灯、喜欢使用一次性用品、追求豪华包装、在饭店过量点菜、垃圾不分类存放甚至随意丢弃，等等。由于数据的可得性原因，这里我们选取城镇居民家庭平均每百户家用汽车拥有量指标，从侧面反映和研究成渝地区居民绿色出行情况。

① 贾凤伶，刘应宗．节水评价指标体系构建及对策研究［J］．干旱区资源与环境，2011（6）．

从总量上来看，2012年成渝地区城镇居民家庭每百户家用汽车拥有量为12.85辆，远远低于其他三个经济区，仅为珠江三角洲地区的35.1%。但是从增长速度上来看，成渝地区2012年城镇居民家庭每百户家用汽车拥有量比2005年增加了11.3辆，增长近7.3倍。而长江三角洲地区增加了19.15辆，增长4.35倍；珠江三角洲地区增加了26.9辆，增长2.77倍；环渤海地区增加了23.58量，增长了4.42倍（见表6.9）。家庭汽车拥有量的增加，一方面表明川渝地区居民生活水平的提高，但是另一方面也会带来交通堵塞、大气污染、噪声等问题。因此，应在区域内倡导使用公共交通出行，鼓励购买节能环保车型。

表6.9 2005—2012年四大经济区城镇居民每百户家庭家用汽车拥有量情况①

四大经济区	年份							
	2005	2006	2007	2008	2009	2010	2011	2012
成渝地区	1.55	2.35	3.45	5.25	5.85	7.60	11.30	12.85
长江三角洲地区	4.40	5.50	7.70	10.93	13.10	15.50	21.30	23.55
珠江三角洲地区	9.70	12.90	17.60	19.60	23.30	26.60	30.70	36.60
环渤海地区	5.34	7.00	8.58	11.40	14.96	18.22	24.20	28.92

（二）促进绿色产品消费的对策

1. 加强绿色消费宣传和教育

发达国家的经验表明，绿色消费教育对于绿色消费理念和行为十分重要。目前，我国多数消费者绿色消费意识不强、绿色消费行为缺失，迫切需要加强绿色消费教育。我国应在全社会广泛开展绿色消费教育，促使全社会牢固树立绿色消费理念，形成崇尚绿色消费的新风尚。

2. 加快形成绿色产业结构

产业结构决定消费结构，消费升级决定产业结构升级，产业结构与消费结构之间能形成相互适应、相互制约、相互决定的关系。一方面绿色消费能力、绿色消费水平和绿色消费行为会促进绿色产业的发展，另

① 数据来源：据2006—2013年《中国统计年鉴》数据整理而来。

一方面绿色产业发展状况也会制约或促进绿色消费的实现。因此，大力发展绿色产业，保障绿色产品供给，能有效引导绿色消费模式，实现绿色增长和节能降耗的双赢局面。

3. 积极培育绿色消费热点

当前，绿色消费已成为新的消费热点。消费热点是指在一定时期内，人们的消费需求或者购买力比较集中地投放于某种或某些消费品或劳务上，进而出现追求这些消费品或劳务的人潮。[①] 随着生态意识的提高和消费能力的提升，人们会越来越倾向于消费绿色产品，比如选择生态旅游，购买有机产品、生态产品、节能产品、环保产品等，绿色需求必将逐步成为消费者新的消费追求和消费热点，这一消费热点将成为经济增长的新引擎，有效拉动国内需求增长，带动一大批相关产业部门的发展。

4. 提高绿色消费能力

就我国目前的消费水平而言，绿色消费对大多数消费者来说还是一种理想化的消费模式。这主要是因为绿色产品的成本较高，因而价格较贵，需要以高收入和高消费能力来与之匹配。目前来讲，我国居民整体收入水平不高，特别是对处于西部内陆欠发达的成渝地区来讲，居民的收入水平更低，大多数人收入水平处于较低阶段，甚至有的还处于贫困阶段。一方面是现期收入较低，而且预期收入也具有不确定性。因此，提高绿色消费最重要的是提高居民的收入水平，特别是提高社会保障水平，从而增强消费者的绿色消费能力和预期。

---

① 黄娟，贺青春，高凌云. 绿色消费：我国实现绿色发展的引擎——十六大以来中国共产党关于绿色消费的重要论述 [J]. 毛泽东思想研究，2011 (7).

第七章　成渝地区资源环境与经济协调发展路径三：加强环境保护

第一节　我国资源环境保护历程、现状与问题

一、我国资源环境保护历程

中华人民共和国成立到改革开放之间，中国经济处于计划经济和无市场状态，重工业逐渐发展起来，轻工业发展滞后，经济发展方式粗放，经济增长效益不高，经济虽然逐渐恢复但总体发展缓慢。同时，环境保护意识缺乏，对环境保护重视程度不高，环境管理落后，环境治理措施相对欠缺，对生产建设和日常生活产生的污染基本处于自然搁置阶段，环境污染主要依赖自然生态系统的净化，环境污染问题逐渐显露。在此期间，由于人口压力不大，经济总量和规模较小，环境容量大，经济发展带来的环境污染还处于自然生态系统能够承载的范围，环境问题还不是十分突出。

改革开放以来，国家创造了和平、稳定、开放的大环境，并出台了一系列刺激经济增长的措施，中国处于解放生产力和大力发展生产力阶段，市场经济活力逐步显现，对外开放成效明显，固定资产投资增大，经济增长一直保持较高增速。伴随着经济的快速发展和经济总量的扩大，资源日益趋紧，一系列环境问题逐渐显现，主要污染物排放量超出环境承载能力，生态系统功能退化，环境问题出现了结构型、复合型、

压缩型的特点。伴随着国民经济的发展和环境形势的恶化，我国环境保护工作的指导思想、具体工作、发展目标也在逐步深化和发展。具体而言，我国环境保护工作经历了起步、发展、深化和纵深推进四个阶段。

（一）起步阶段

1973年至1983年期间，国民经济经历了调整和复苏并逐步走向振兴。同时，我国环保工作开始起步，并主要围绕经济调整展开。1973年，第一次全国环境保护会议成功召开，揭开了我国开展环境保护工作的序幕。1974年国务院环保领导小组成立，随后各省市也相继成立了环保机构，环保工作有了专门的机构和人员配备。1979年《环境保护法》的正式出台标志着我国环境保护工作已经步入法制化轨道，以法律为武器保护环境。1981年出台的《国务院关于在国民经济调整时期加强环境保护工作的决定》提出“谁污染、谁治理”的环境保护指导思想，要求环境污染者承担环境治理责任。在此期间相继制定了《国务院关于在国民经济调整时期加强环境保护工作的决定》、“三同时”制度、《工业“三废”排放试行标准》等环保法律、法规、制度和标准，制定了《环境保护规划要点》《关于编制环境保护长远规划的通知》《关于环境保护的十年规划意见》三个环保规划与计划文件，并要求从1977年起将环境保护纳入国民经济长远规划和年度计划，为有计划地逐步解决环境问题打下了基础。[①] 总体而言，这个阶段国家已经开始重视环境保护，但对环境问题的认识不够清晰，提出的环保目标普遍偏高且与现实国情存在差距，制定的环保法规也没有完全实施。

（二）发展阶段

1984—2005年，我国经济快速发展，综合国力持续增强，经济发展带来的环境污染日益严重，经济发展与环境保护的矛盾不断凸显。我国环保工作进入发展阶段，环保认识不断深化，环保投入加大，环保法规日趋完善，环保责任不断落实。1984年出台的《国务院关于环境保

---

① 中国工程院、环境保护部．中国环境宏观战略研究［M］．北京：中国环境科学出版社，2011：754－757.

护工作的决定》明确提出保护环境是我国社会主义现代化建设中的一项基本国策，环境保护地位上升到国家战略的高度。1990年出台的《国务院关于进一步加强环境保护工作的决定》提出“谁开发谁保护，谁破坏谁恢复，谁利用谁补偿”“开发利用和保护增值并重”的环境保护指导思想，从指导污染治理扩展到资源开发和环境保护增值；1992年我国开始实施可持续发展战略，并提出经济可持续和环境可持续的发展目标；1996年《国务院关于环境保护若干问题的决定》进一步细化了责任，明确“污染者付费、利用者补偿、开发者保护、破坏者恢复”的具体指导思想；1996年第四次全国环境保护会议提出“保护环境就是保护生产力”的重要思想，并提出“环境保护要坚持污染防治和生态保护并重”的方针；2002年第五次全国环境保护会议提出从加强政府职能、市场调节、全社会参与来共同促进环境保护；2005年《国务院关于落实科学发展观加强环境保护的决定》提出以科学发展观为指导思想，强调环保工作要以人为本，解决危害人民群众生命安全的突出环境问题，环境保护工作要服务于民生，保障为人民群众提供干净的水、新鲜的空气、安全的食物以及丰富的生态产品，为构建社会主义和谐社会提供支撑，并提出了环保工作的五项基本原则，即“协调发展，互惠共赢；强化法治，综合治理；不欠新账，多还旧账；依靠科技，创新机制；分类指导，突出重点”[①]。《国家环境保护“十一五”规划》仍然沿用了这一五项基本原则。同时，生态环境保护目标也随着环保形势的变化而变化。1996年以前，虽然中央和地方政府日益重视环境保护，环保地位也不断提升，“六五”环境保护规划、第二次全国环境保护会议、第三次全国环境保护会议均提出了环境保护目标，但环境保护目标过于笼统，缺乏实际指导和可操作性。1996年《国务院关于环境保护若干问题的决定》首次提出了具体的环境保护目标，即“到2000年力争使环境污染和生态破坏加剧的趋势得到基本控制，部分城市和地区的环境质量有所改善”。2005年《国务院关于落实科学发展观加强环境保护的决定》又进一步提出了要求更高、更全面、更深入的环境保护和生态修复

① 环境保护部．第六次全国环境保护大会文件汇编［M］．北京：中国环境科学出版社，2006：19.

目标。2005年《国家环境保护“十一五”规划》除了规划“十一五”期间宏观的环境保护目标外，还具体细化和量化了主要环境保护指标，并规定了化学需氧量排放总量、二氧化硫排放总量、地表水国控断面劣Ⅴ类水质的比例、七大水系国控断面好于Ⅲ类的比例、重点城市空气质量好于Ⅱ级标准的天数超过292天的限值。《“十一五”经济社会发展规划》提出的环境保护目标包括：单位国内生产总值能耗比“十五”末降低20%左右，主要污染物排放总量减少10%，森林覆盖率提高到20%，等等。

（三）深化阶段

2006年至今，面对经济规模不断发展、产业结构不断优化的新形势，在第六次全国环境保护大会上，温家宝总理提出环境保护工作实现“保护环境与经济增长并重”“环境保护与经济增长同步”“综合运用多种手段解决环境问题”的三个历史性、战略性转变，标志着我国环境保护工作进入了保护环境优化经济增长的新阶段。2007年党的十七大报告首次正式提出生态文明建设，环境保护的内涵不断丰富和深化，生态文明不仅是环境质量改善和污染排放的减少，还是经济发展方式、消费模式、产业结构的绿色转型，环境保护优化经济发展成为新时期环境保护工作的指导思想，我国大力发展战略性新兴产业，严格环境准入，淘汰落后产能，优化产业结构，倡导绿色消费，大力发展循环经济，增加可再生能源利用比例，落实节能减排目标，加大环保投入，环境质量明显改善；2012年党的十八大报告从关系人民福祉、民族未来的高度，提出大力推进生态文明建设，分别落实在资源节约、环境保护、国土空间优化和生态文明制度建设四个方面，以制度建设为推动力和约束力加强资源节约、环境保护和空间优化被首次提出，环境保护的内涵和任务进一步扩展和深化。在环境保护目标方面，2011年《国家环境保护“十二五”规划》在《国家环境保护“十一五”规划》主要环境保护指标的基础上提出了更高的污染减排和环境质量改善的要求，污染减排力度进一步加大，新增加了氨氮排放总量、氮氧化物排放总量两项量化指标，并扩大了原有环境保护指标的监测范围，例如地表水国控断面监测个数由“十一五”期间的759个增加到970个，空气质量监测城市由

“十一五”期间的113个增加到333个地级以上城市。总体而言，在此期间，环境保护目标经历了从笼统到细化，从定性描述到定量限定的转变，污染防治指标也越来越细化，但指标多是污染防治指标，生态指标涉及较少。同时，环境保护部的成立使环保部门的行政地位和职能进一步加强，环保投入增加，环境治理能力得到加强，综合运用多种手段落实污染减排任务，环境执法力度加大，我国环保事业取得了积极进展。

（四）纵深推进阶段

这一阶段生态文明建设已上升至“五位一体”中国特色社会主义现代化建设的重要组成部分，生态环境建设以生态文明建设为主要动力在全国层面纵深推进。2015年4月国务院印发《关于加快推进生态文明建设的意见》，2015年9月国务院印发《生态文明体制改革总体方案》，2016年8月国务院印发《关于设立统一规范的国家生态文明试验区的意见》，2016年12月国务院印发《生态文明建设目标评价考核办法》。生态文明建设以制度为重要抓手，将生态文明国家意志和国家战略通过制度设计层层传导至各级地方政府，通过源头预防、过程监督、落实考核、全面问责的生态文明建设制度安排，省、市、县各级政府明确了生态文明建设的主要任务和责任，积极开展生态文明建设。

党的十八届五中全会提出：“坚持绿色发展，必须坚持节约资源和保护环境的基本国策，坚持可持续发展，坚定走生产发展、生活富裕、生态良好的文明发展道路，加快建设资源节约型、环境友好型社会，形成人与自然和谐发展现代化建设新格局，推进美丽中国建设，为全球生态安全做出新贡献。”“绿色发展”理念作为《国民经济和社会发展第十三个五年规划》五大发展理念之一，生态文明建设和生态环境建设将是“十三五”建设的重要内容。

我国环境保护工作经历了曲折的历程：从无专门机构的环境管理到环保机构的设置再到环保部的成立，从环境保护目标的定性描述到定量界定，从先污染后治理到预防为主、防治结合，从污染末端治理到污染源和污染全过程治理再到污染的责任追究与惩治，从单一手段污染治理到多种手段综合治理，从仅仅污染治理延伸到生态保护，从重经济发展轻环境保护到经济发展与环境保护并重，从环境保护滞后于经济发展到环境保护与经济发展同步，从单个企业污染治理到产业结构优化升级、绿色消费和转变经济发展方式再到环境保护优化经济发展，从最先的环保部门任务的实施到国家战略层面多个部门的协同推进和综合决策。环保部门积极推进，努力开创环保新道路和新局面，其他部门如发改委、林业部门、国土部门、经信委等也全力配合和参与生态文明建设，为我国的可持续发展做出了重要贡献。

二、我国资源环境保护政府管治现状与问题

我国政府是经济高速增长的积极推动者，也是环境保护的主导者，更是环境与经济协调发展的宏观调控者。在经历了重经济增长轻环境保护、环境保护滞后于经济发展的历程后，我国政府意识到环境与经济协调发展的重要性，在第六次环境保护大会中提出了经济增长与环境保护并重、经济增长与环境保护同时推进，并通过法律手段、行政手段、经济手段、技术手段等一系列综合措施，实现环境与经济的协调发展。当前环境保护正在积极探索环境保护优化经济发展、经济发展优化环境保护、环境保护与经济发展高度融合的环保新道路。

（一）环境保护相关法律法规不断完善

环境保护法律法规体系不断健全。我国在环境保护、污染控制、资源节约利用方面已形成了以《环境保护法》为基础，由法律、法规、规章、标准、规划等构成的较为完善的法治体系，包括环境法 10 部、资源法 15 部、国家环境保护行政法规（条例）50 余件、部门规章和文件 200 余件、国家环境标准 1200 多项、地方性法规 1000 余件。

资源、环境法律是资源节约和环境保护的基本法，具有法律效力大、约束性强、保障功能齐备等特点，是环境保护行政管理的重要依据和基础。环境标准是依据环境自净能力制定的关于环境质量、污染物排放、环境监测方法等的技术规范。我国环境标准按照执行机构分为国家环境标准、地方环境标准、国家环保部环境标准三类。国家环境标准又分为国家环境质量标准、国家污染物排放标准、国家环境监测方法标准、国家环境标准样品标准和国家环境基础标准，地方环境标准包括地

方环境质量标准、地方污染物排放标准。[①] 我国环境标准按照环境保护的种类又细分为水环境保护标准、大气环境保护标准、环境噪音与振动标准、土壤环境保护标准、固体废弃物与化学品环境污染控制标准、核辐射与电磁辐射环境保护标准、生态环境保护标准和其他环境保护标准等。环境标准规范清晰，操作性强，易于执行，在我国的环境保护中发挥着重要作用。环境规划作为行政规划的一种，按照规划的内容和领域可以分为生态建设专项规划、环境保护专项规划、资源开发利用专项规划等，按照行政级别可以分为国家级环境规划、省（区、市）级规划、市县级规划等。环境规划具有一定的法律效力、约束力和执行力，能够指导资源开发利用、污染防治、生态保护等方面的行政管理工作。

同时，我国正在探索经济发展优化环境保护的相关制度安排。在促进绿色经济转型方面，我国政府提出的转变经济发展方式、新型工业化道路、发展循环经济、建设资源节约型环境友好型社会、建设生态文明等，均从不同角度和层面探索绿色发展道路。我国通过实施传统产业优化升级和大力发展战略性新兴产业相结合的绿色经济转型战略，在法律、法规、政策、配套措施等方面加大绿色转型。以促进循环经济发展为例，我国高度重视循环经济的法规保障，继 2005 年出台《国务院关于加快发展循环经济的若干意见》《循环经济试点实施方案编制要求》《关于推进循环经济发展的指导意见》等重要文件后，2007 年以来，我国在推动循环经济法律法规制定和完善方面做出了大量努力和探索，出台了《电子废弃物污染环境防治管理办法》《再生资源回收管理办法》《循环经济促进法》《废弃电器电子产品回收处理管理条例》《关于支持循环经济发展的投融资政策措施意见的通知》《关于组织开展城市餐厨废弃物资源化利用和无害化处理试点工作的通知》《关于推进再制造产业发展的意见》《关于开展城市矿产示范基地建设的通知》等一系列法律法规。

但是，我国的资源环境法律法规的制定仍有不足之处：一方面，我国法律法规与瑞典等发达国家相比，资源环境保护法律法规制定不完善、不成体系，且存在过于抽象、笼统、缺乏操作性等问题，没有全面

---

① 王军. 资源与环境经济学［M］. 北京：中国农业大学出版社，2009：214－215.

地对主要资源环境问题构成法律约束力；另一方面，资源环境法律法规滞后于经济社会发展需要，已经不能应对和约束新的资源环境问题，出现了法律法规政策盲点和过时的问题，需要及时制定、修订、补充资源环境法规。同时，由于过去对环境保护重视程度不高，出于对经济建设的促进和保护，旧的环境保护标准偏低，对企业和个人污染行为约束强度不大，行政执法者和司法者仅能依据现有环境保护标准执法，导致企业和个人的大量污染排放行为没有受到应有的处罚，资源被大量挥霍和浪费，环境污染事故愈演愈烈。再者，当前我国没有统一的关于环境规划的相关立法，评价环境规划优劣的标准不一、环境规划的执行效果不佳。因此，解决资源环境问题必须从源头开始，健全资源环境法律法规，制定严格的环境保护标准，确保环境规划的落实。

（二）环境保护行政管理制度不断完善

环境保护行政管理制度是指政府依据环境法律法规、环境标准、环境规划，采用指令性、指导性管理措施，对经济活动进行直接或间接干预，来解决资源环境问题的命令控制型手段。改革开放以来，我国环境保护主要采取命令—控制型行政手段，将环境准入作为宏观环境调控的重要手段，以行政许可、行政激励、行政示范等方式，通过实施污染物总量控制制度、污染物浓度控制制度、环境影响评价制度、“三同时”制度、环境污染限期治理制度、双达标政策、排污许可证制度、城市环境综合整治定量考核制度、污染集中控制制度等一系列行政手段，对没有达到环保标准和不符合环境准入的企业和个人实行行政罚款、区域限批、行业限批、流域限批、责令关闭、停产、合并、转移等强制性行政处罚，以行政命令禁止或者减少污染排放和环境破坏（见表 7.1）。

表 7.1　中国环境保护行政管理主要制度

制度名称	实施时间	主要内容
环境影响评价制度	1979 年	对建设项目产生的环境影响作出评价，规定其防治措施，报环境保护行政主管部门批准后，计划部门批准建设项目设计任务书
“三同时”制度	1973 年	在进行新、改、扩建项目时，环保设施与主体工程同时设计、同时施工、同时使用

续表7.1

制度名称	实施时间	主要内容
排污申报登记制度	1982 年	排污者向环境保护行政主管部门申报污染物排放和防治情况，并接受监督管理的一系列法律规范
环境污染限期治理制度	1979 年	对已存在的危害环境的污染源，法定机关命令其在一定期限内治理并达到规定要求的制度
环境统计制度	1981 年	对环境保护情况统计调查、统计分析、提供统计资料并进行统计监督的制度
环境保护现场检查制度	1983 年	环保部门及其相关监督管理部门对管辖范围内的排污单位进行现场检查的措施、方法和程序的规定
城市环境综合整治定量考核制度	1984 年	通过设立考核指标，对城市环境综合整治活动进行定量考核、管理和调整的环境监督管理制度
环境监理政务公开制度	1999 年	公开办事机构和人员身份、公开工作制度和工作程序、公开排污收费标准、公开行政处罚情况、公开举报电话和投诉部门
环境保护目标责任制度	1990 年	确定一个区域、部门或单位环境保护主要责任者和责任范围，层层分解环境保护责任，实施环境保护任务，考核环境保护目标责任落实情况并进行相应奖惩

环境保护行政管理手段的特点与功能：第一，环境保护行政手段具有强制性。环境保护相关标准和制度一经制定就必须贯彻执行，企业和个人都必须遵守，一旦企业和个人行为违反环保规定，政府将动用行政力量，采取强制措施约束环境不友好行为，直至企业和个人行为符合环境标准和规定。第二，易于操作和管理。行政命令规制性强、权威性高，政府机构已形成完备的行政管理体制，能充分行使其行政管理职能。同时，企业和个人服从于政府的行政管理，能及时调整生产和生活行为，使之达到行政管理要求，环境保护见效快。环境保护行政管理手段在我国环境保护事业中承担了主要责任，发挥了不可替代的重要作用。

环境保护行政管理手段的不足：第一，政府管理成本高。政府必须建立完备的组织机构和管理能力，对企业生产和个人生活方式进行实时污染排放监测和检查，并对环境不友好行为进行严格执法，这些不仅需要大量人员配备，还需要相关监测设备、仪器、办公设备等，均需要消耗大量人力、物力、财力。第二，企业和个人治污积极性差。企业被动接受政府设立的减排标准，如果企业的污染排放标准达到了行政管理要求，企业将丧失减排主动性和积极性，不会进一步进行污染减排，比如改进生产工艺、淘汰落后产能、引进环保新技术等，这导致节能减排空间大大缩小，同时也不利于转变经济发展方式和企业的绿色转型升级。

三、我国资源环境保护市场调节现状与问题

（一）环境经济政策逐步加强

环境经济政策是指按照市场经济规律的要求，运用价格、税收、财政、信贷、收费、保险、罚款等经济手段，调节或影响市场主体行为，实现经济建设与环境保护协调发展的政策手段。[①]

在利用价格手段实现资源节约和环境保护方面，我国先后出台了燃煤电厂脱硫、脱硝电价，逐步建立了反映资源稀缺的城市供水价格、土地价格、天然气价、油价和煤价。在利用税收手段方面，我国没有专门针对污染、破坏环境行为征收的环境税，但仍出台了相关税收优惠政策，比如2000年国家税务总局出台《关于对低污染排放小汽车减征消费税的通知》，对此类小汽车减征30%消费税，对废旧物资回收单位增值税实行先征后免，对利用废水、废气、废渣为原料的生产企业所得税五年内减免等。在收费方面，1978年我国开始排污收费，是迄今为止制度制定最完善、应用最广泛的环境经济政策，但仍面临着收费标准低、按排放浓度而没按排放总量收费、排污收费配套设施未跟进等不足。在利用金融手段方面，我国出台限制“两高一低”产业的信贷政策，加大对战略性新兴产业发展的金融支持。在利用财政政策手段方面，我国出台对战略性新兴产业发展加大财政支持的政策，加大对节能环保产品的财政补贴，对天然林保护工程、退耕还林还草工程、防风固沙工程、“三江源”生态保护工程等加大生态补偿。在利用贸易手段方面，出台环境保护综合名录，取消“双高”产品出口退税，禁止“双高”产品加工贸易。

---

① 潘岳. 细论“环境经济政策”[N]. 北京日报，2007-09-10.

环境经济政策的本质是利益诱导性。政府通过制定和使用经济手段，对经济主体实施经济刺激，引导经济主体遵循政府的资源环境偏好。经济主体的行为如果符合环境标准，其将获得相应的经济利益；反之，将受到相应的经济处罚。同时，面对经济利益的刺激和诱导，经济主体会主动选择或者调整行为，选择最佳方法达到规定的环境标准，例如采用污染控制技术、节能减排工艺、选择对自己更有利的资源节约和环境友好行为。经济利益诱导能促使污染者承担环境责任，调动污染治理的积极性，促进环保技术创新和绿色转型，增强市场竞争力，降低环境治理成本与行政监控成本等。

环境经济政策具有的功能和作用有：一是优化资源配置。在市场机制调节下，价格信号在资源节约和环境保护中发挥基础性作用，使环境外部性问题内部化，实现资源优化配置和环境治理成本最小化。具体而言，在环境目标既定时经济成本最小化，在经济投入既定时环境效益最大化。二是公平分配资金。环境经济政策中的收费、税收、惩罚金等经济手段能够对环境不友好行为征收税费等，实现筹集资金；同时，筹集的资金又可以通过生态补偿、环境补贴、环保财政投入等用于生态建设、污染治理等方面，实现资金的再次配置。通过资金的筹集与分配，使污染排放者和环境受益者支付一定费用，而使污染受损者获得一定的经济补偿，实现环境成本的内部化和资金的公平分配。三是提升环境伦理。环境经济政策作用于生产、流通、分配、消费的各个环节，影响到生产生活的各个方面，随着环境经济政策的进一步落实，必然会对人的思想观念和行为产生重大影响，有利于树立环保意识、承担环境责任、约束和调整行为。

现行环境经济政策的不足：环境经济政策是迄今为止国际社会最通用、最能取得环境保护成效的制度安排。但是，在我国，多年的环境保护实践主要依赖的是环境保护行政管理办法，而环境经济政策手段制定不充分，更难以落实，仅是对环境保护行政管理办法的补充，地位相对薄弱。其不足之处表现在：第一，环境经济政策没有完全覆盖所有的环境质量要素，不能保障所有的环境质量要素如大气、水、固体废弃物、声环境等的改善。例如当前全国范围内严重的雾霾天气，如何利用环境经济政策解决大气污染问题是当前面临的紧迫问题。第二，环境经济政策没有调动所有的经济手段实现环境保护目标。绿色信贷、绿色贸易虽已提出多年，但具体执行的银行很少；生态补偿机制从研究到提出也已很久，但如何从横向和纵向上执行生态补偿机制却是一个难题。第三，环境经济政策没有细化到生产、流通、交换、消费的各个环节和领域，没有影响到生产、生活的各个方面。我国环境经济政策还没有具体分解成跨行业环境经济政策、制造业与能源生产业环境经济政策、住房与服务业环境经济政策、交通运输业环境经济政策、农林渔业环境经济政策和其他环境经济政策，环境经济政策在行业细分和领域细分方面还有待形成体系。第四，环境经济政策的具体经济标准还有待研究和科学化。实施什么样的经济标准既能减少污染、保护环境又能不对经济发展和社会和谐产生负面影响是衡量环境经济政策科学性的重要方面。以排污收费为例，当前排污收费标准普遍偏低，许多排污收费标准还不及污染治理成本的30%，因此，许多企业宁愿缴纳排污费也不愿花更多资金进行污染治理和生产设备及工艺的绿色化改造，这也导致排污收费这项环境经济政策执行效果不佳。

环境经济政策实施面临的问题：第一，利益分割和博弈问题是当前环境经济政策执行面临的最大问题。环境经济政策的执行涉及多个行业、部门、地区的利益调整和权能分配，是对现有利益格局的再调整，环境经济政策的实施受到了多方面的阻力。因此，环境经济政策更多地停留在研究、制定和试点运行层面，离全国范围内全面推广和普及差距甚大。以生态补偿机制为例，生态补偿机制的实施主要是以国家对地方的纵向补偿为主，而地区与地区之间、流域上下游之间、部门之间、行业之间的横向补偿机制执行标准难统一、执行难度大，几乎难以落实横向生态补偿机制。第二，环境经济政策执行缺乏配套保障措施。环境经济政策的执行依赖于健全的法律法规、高效运作的管理体制、成熟的市场机制和严格的监管体系。环境经济政策在国外应用广泛，但在我国却还处于起步阶段。2007年环保部副部长潘岳系统介绍了当前急需制定和执行的环境经济新政策，但也指出当前配套措施远远不能保障环境经济政策的执行。首先，我国资源和环境相关法律法规存在盲区，缺乏可操作性，且法律法规的修订和完善滞后于环境经济政策实施的需要。污染排放浓度、环境税税种和税率、排污收费标准还有待再研究和再界定。其次，环境经济政策市场发育不充分。碳交易、排污权交易还有待建立新的交易平台、交易场所及配套的机构设置和运作机制。再次，环境经济政策执行的监管体制、机制还有待建立。只有进一步建立和完善管理高效、执法严格、违法必究、监管有力的体制机制，才能保障环境税费、环境补贴、环境罚款、绿色金融、绿色贸易、生态补偿机制的正常运行。

（二）企业自主参与环境保护积极性不高

企业是经济活动的主体，市场经济条件下，追求经济效益最大化是企业生存发展的基础和目标。在传统经济发展模式下，企业环保意识缺乏，环境管理松散，环保投入不足，环保技术落后，生产工艺和设备的环保标准过低，企业经济活动产生大量环境污染、资源浪费和生态破坏。

在资源环境的双重约束下，企业是承担环境与经济协调发展的重要主体。企业环境社会责任是指企业在生产经营过程中承担保护环境的社会责任，减少资源消耗和污染物排放。企业环境社会责任关系到企业绿色经营管理的方方面面。

企业环境道德培养是指在企业生存和发展中注重对企业家和企业员工进行环境保护相关文化的熏陶和意识培养，重视生态环境保护的相关宣传、教育和引导，塑造环境友好型企业文化。

企业绿色生产是指企业在原材料选购、产品研发与设计、产品生产的整个过程中，注重资源节约和环境保护，尽可能减少资源消耗和浪费，尽可能减轻污染排放和对人类健康的影响。在原材料选购时，不仅应衡量原材料价格、品质，还要考虑原材料是否稀缺，是否会带来环境污染等因素；在产品研发与设计中注入生态理念，开发能减少资源消耗、污染排放、循环利用的产品；在整个生产过程中保持清洁生产和节能降耗。

企业绿色营销是指企业在包装、物流、服务、销售、品牌等方面加强资源节约和环境保护。企业在包装材料上选择易于自然降解、易于回收再利用、对环境污染少的材料，且不过度包装；在物流方面，企业选择绿色运输、集中仓储等；在销售方面，企业向消费者普及绿色产品信息，推广使用和购买具有环保标志和绿色认证的产品、培养消费者购买绿色产品的消费需求；在品牌塑造方面，企业致力于向公众树立节约集约利用资源能源、加强环境管理、通过环境认证、参加环保绿色公益活动的绿色企业形象。

企业绿色投资是指企业将节能、降耗、减排作为提升未来企业竞争力、挤占产品市场份额和增加企业盈利的重要方面来增加投入和投资，引进先进生产技术和工艺，改进生产设备，提高资源利用效率，提高废水、废气、废渣的无害化处理率，实现加大环境保护和提高企业利润的双赢。

企业绿色会计核算是指企业不仅将传统的生产成本与费用纳入企业核算范围，还将环境对企业产生的积极影响和负面影响折合成企业的成本与收益，纳入企业会计核算。企业绿色会计核算能够以经济效益的形式恰当地反映环境因素对企业带来的经济影响，有利于企业应对环境影响。

企业绿色管理是在企业管理全过程融入环境保护的理念和原则，形成绿色管理模式。国际标准化组织制定的 ISO14000 全球环境管理体系是企业绿色管理引入的重要国际标准和依据，当前我国企业主要是以自愿方式引入 ISO14000 全球环境管理体系。企业参照国际标准执行环境管理，对从根本上解决资源环境问题起到了重要的作用。

然而，当前我国企业出于对经济利益最大化的追求，不愿意牺牲经济利益换取环境保护。企业社会责任担当力低，自主参与环境保护意识不强，企业绿色文化、生产、营销、会计、管理的范围不广、程度不深，更难以自愿牺牲经济利益换取环境保护，企业绿色变革还停留在较低层面，其绿色变革道路任重道远。

四、我国资源环境保护公众参与现状与问题

我国是人口大国，经济建设是社会发展的主旋律，公众既参与大力推进经济建设的时代浪潮，又在环境保护中扮演着重要角色。在促进环境与经济协调发展中，公众的作用空间很大。

但是，公众重经济增长、轻环境保护是我国的客观现实。公众环保

意识不强、自觉参与环保活动的积极性不高，对环境问题的知晓度低、对环境问题的监督不力、未参与环境问题决策、环境公益诉讼渠道不畅通。

因此，在促进环境与经济协调发展中，提高公众的参与度应注重如下方面：第一，加大环境保护宣传力度，提高公众环境保护意识。环境保护与公众息息相关，全国大面积雾霾天气从反面警示公众要高度重视环境保护、提高环保意识。第二，积极践行低碳生活方式。在日常生活中以实际行动保护环境和减少资源浪费，比如，尽量选择公共交通出行，不使用一次性塑料袋、筷子、方便盒，节约用水用电，提倡厉行节约，反对过度消费和浪费。第三，积极参与环保公益活动。环境保护非政府组织、各企事业单位、政府机构组织了大量环保活动，比如植树造林、环保志愿者活动、低碳出行等，促使公众积极响应并参与。第四，充分行使公众对环境的知晓权、监督权和诉讼权。政府有义务将环境信息及时、全面公布于众，公众有权利获取环境质量信息并监督政府和企业行为。当政府的决策与行为与公众的环境担忧和顾虑相冲突时，公众应以恰当的方式和渠道表达环境诉求和需要，在环境问题上形成公众与政府的良好沟通与协调，政府的重大决策与行为要达到环境影响评价要求，并得到公众的认可和支持。对于没有达到环境标准和要求的企业行为，广大公众可以通过电视、报纸、广播等方式曝光企业行为，同时，公众可以对环境污染行为提起诉讼，采取环境保护法治化途径，解决企业环境污染问题。

第二节　成渝地区资源环境保护问题、目标与任务

一、成渝地区资源环境面临的问题

（一）水环境污染突出

成渝地区工业废水和生活污水排放总量大，大量污染物的排放严重

影响区域水环境质量，更影响长江流域水环境质量。另外，生活垃圾、危险废弃物、固体废弃物不经处理也直接排放到江河中，不仅使河流受到不同程度的污染，还影响到饮用水安全，更有甚者危及地下水安全。

（二）大气污染严重

依据《酸雨控制区和二氧化硫污染控制区划分方案》，四川省 21 个市州中的 14 个市以及重庆市的大部分区域均为酸雨控制区和二氧化硫污染控制区。

表 7.2　成渝地区国家级两控区范围

四川省国家级两控区范围	成都市、绵阳市、德阳市、自贡市、泸州市、乐山市、宜宾市、南充市、内江市、遂宁市、广安市、简阳市、眉山市、攀枝花市
重庆市国家级两控区范围	渝中区、江北区、沙坪坝区、南岸区、九龙坡区、大渡口区、渝北区、北碚区、巴南区及万盛区、双桥区、涪陵区、永川区、合川区、江津区、长寿区、荣昌区、大足区、綦江区、璧山区、铜梁区、潼南区

近年来，随着城市机动车数量的增多，机动车尾气污染问题日益突出。截至 2013 年 5 月，成都市机动车保有量为 313.65 万辆，是全国机动车数量仅次于北京的城市，重庆市机动车数量也超过 300 万辆，机动车保有量和机动车保有量增速均排名全国前 10 位。机动车的快速增长，导致细微颗粒物、二氧化碳、二氧化硫等污染物排放的增加，给空气质量带来极大压力。

（三）水土流失加剧

成渝地区地处长江上游，在经济社会发展中曾无视自然生态承载能力，乱砍滥伐、毁林开荒，森林植被、草场植被破坏严重。林业资源、草地资源的破坏，使防风固沙、水源涵养能力降低，水土流失日益严重。三峡库区是全国水土流失最严重的地区，每年通过长江寸滩流入三峡库区的泥沙量约 5 亿吨。水土流失导致泥沙沿着河道淤积，如果不加以治理和控制，三峡库区将面临泥沙越积越多，水位不断升高的局面，轻则影响水运和水库蓄水能力，重则影响整个三峡工程的存亡和库区人民的生产生活。

（四）农村面源污染突出

成渝地区农村面积广阔，相对封闭的农村地区也日益开放并受到经济高速发展的影响。在农业发展方面，化肥、农药的普及使大量化肥、农药残留在土壤里，并随雨水等渗透到土壤深处甚至污染地下水；塑料薄膜残留在土地里，即使多年后仍不易降解，农村地区普遍残留着多年积压的白色污染物；农村地区大力发展规模化畜禽养殖，但却没有相应的配套废弃物处理设施，畜禽粪便随意堆砌或排放到河流里，带来严重的水污染；农村地区秸秆焚烧现象普遍，秸秆燃烧产生的污染物严重影响空气质量。在广大农村地区，乡镇企业多为劳动密集型、资源粗加工型企业，技术含量低，生产工艺简单，布局零星分散，规模效应不大，经济增长方式粗放，乡镇企业的异军突起带来了极大的资源浪费和环境污染。在农村居民生活方面，环境保护基础设施建设滞后，农村饮用水安全、废水排放管网建设、废水处理设施、垃圾回收设施、垃圾处理设施等严重滞后于城市，导致大量生活污水直接排入河流，生活垃圾无法得到妥善收集和处理，固体垃圾四处可见。

二、成渝地区资源环境建设目标与任务

（一）成渝地区生态环境建设目标

为将成渝地区建设成为长江上游生态安全屏障，保障整个长江流域生态安全，必须要加强生态建设，构建区域生态网络；加快建设污染防治体系，改善环境质量；强化资源节约和管理，提高资源集约节约利用水平。

1. 构建成渝地区生态安全网络

以尊重和顺应成渝地区自然生态原貌为原则，依托山体、河流等自然景观，构建“一周四带”区域生态网络，加大自然生态建设力度，实施生态修复工程，提高长江上游水源涵养能力，改善长江生态带、岷江生态带、沱江生态带、嘉陵江生态带河流水质和水域功能。

2. 全面改善成渝地区环境质量

加快建设污染防治体系，提高水污染防治、大气污染防治、固体废弃物防治水平，全面改善成渝地区环境质量。2015 年，成渝地区长江干流和主要支流出境断面水质达到 II 类水质标准，其他流域达到 III 类水质标准，城镇污水处理率达到 80%；城市空气质量达到 II 类及以上标准天数超过 300 天；城镇生活垃圾无害化处理率达到 80%。

3. 提高资源集约节约利用水平

保护耕地，实行最严格耕地保护制度；严格水资源管理，优化配置水资源调度，统筹安排生产生活生态用水，提高水资源利用效率，节约用水；提高资源循环利用水平。

（二）成渝地区生态建设任务

以成渝地区“一周四带”地区生态本底和生态脆弱状况为基础，实施针对性生态修复工程，加大生态建设投入，保持生态平衡，抑制生态恶化趋势，为长江流域生态安全提供保障。具体而言，长江生态带、岷江生态带、沱江生态带、嘉陵江生态带面临不同的生态问题，应实施差异化、针对性生态修复工程。

长江生态带是指长江上游带状区域，主要包括长江流经宜宾、泸州、江津、重庆主城区、涪陵、万州等城市的沿江区域。长江生态带面临的主要生态环境问题包括：一是水土流失严重。水土流失是威胁长江流域生态安全的一大隐患。上游流失水土在中下游沉积，导致下游泄洪与蓄洪能力下降，洪涝灾害频发，还直接影响到三峡工程的正常运作和三峡库区的长治久安。二是长江流域受城市污水排放影响，水体污染日益严重，不仅影响到流域沿岸居民日常用水，更影响到流域内生物生存和发育，尤其是流域内珍稀濒危动植物面临极大威胁，长江流域水生态系统和生物多样性需要受到保护和重视。三是由于毁林开荒等人类不当行为，长江沿岸植被破坏严重，石漠化问题显现。四是三峡水利工程竣工后，三峡库区依然面临着水土流失严重、水质下降、船舶流动性污染增加、地质灾害隐患增大且时有发生等一系列生态环境问题。长江生态带事关整个长江流域的发展，生态建设刻不容缓。首先，要实施天然林资源保护、退耕还林、封山绿化、植树造林等系列生态工程，增强水源涵养能力，治理水土流失和石漠化问题，打造长江生态带绿色屏障。其次，要加强成渝地区长江生态带沿江城市污染治理，控制城市污染物排放，减轻其对流域水环境的影响。再次，加大对三峡库区生态环境保护投入和环境治理力度，迫切需要解决三峡库区水土流失问题、船舶移动污染源污染排放问题、大面积漂浮物问题、流域水质恶化等环境问题。

岷江生态带包括流经成都市、眉山市、乐山市、宜宾市、自贡市的岷江干流和主要支流沿岸地区。岷江生态带面临的主要生态环境问题有：首先，地震灾害不仅对岷江生态带生态系统产生了巨大的破坏力，还导致次生灾害爆发，泥石流、崩塌、滑坡、旱灾、洪涝等时有发生。其次，近年来，岷江流域年径流流量减少且水质变差。水质变差的影响因素有三个，一是岷江流域沿岸人口密度大，城镇生活污水排放增大；二是许多化工、皮革、造纸、食品、机械等污染型企业布局在岷江流域沿岸，工业污水排放加重了岷江流域水环境污染；三是岷江流域作为四川省粮食主产地，大量化肥、农药残留物随地表径流流入岷江，对岷江的水环境产生污染。岷江生态带建设应主要围绕自然生态系统修复和水环境治理展开。一方面，大力实施灾后生态修复工程，加快自然生态系统修复，防范次生灾害发生；另一方面，加大水环境整治，对生活污水、工业污水实施更严格的净化和排放标准，保护岷江水质。

沱江生态带包括流经德阳市、资阳市、内江市、自贡市、泸州市的沱江干流和主要支流沿岸地区。沱江生态带面临的主要生态环境问题是流域森林覆盖率低，以及工业污染、生活污染、农村面源污染带来的复合型污染对沱江水质环境的恶劣影响。沱江生态带应大力加强森林恢复与建设，提高沿岸森林覆盖率和森林蓄积量，提高生态带水源涵养能力，大力开展工业污染、城镇生活污染和农业面源污染综合整治，保护岷江流域水质。

嘉陵江生态带包括流经南充市、合川区、重庆市的嘉陵江干流和涪江、渠江支流沿岸地区。嘉陵江流域正在遭遇部分重要湖泊和湿地日趋萎缩、地下水位严重下降、洪涝灾害危害和植被退化加剧、土地沙化、少数地区乱采滥挖矿产资源，在沿江、沿岸、沿坡不当开发，导致崩塌、滑坡、泥石流、地面塌陷、沉降等地质灾害频繁发生的问题。[①] 嘉陵江生态带建设应加快湖泊、湿地恢复，控制人类不当的开发行为，减轻生态破坏和环境污染，保护嘉陵江水质。

（三）成渝地区环境保护任务

1. 加大水环境综合整治力度

加快编制流域环境保护规划，坚持保护与治理并重，改善重点流域水质，确保流域行政区域交界断面水质达标。健全工业废水污染防控体系，进一步增强工业废水处理能力，提高工业废水达标排放率和主要污染物去除率，降低工业企业排污强度。积极推进清洁生产，最大限度地减少工业废水减排量及提高循环利用量，对能耗高、污染重、技术落后的工艺和设备实行强制性改造和淘汰制度，加快工业园区废水的集中处理，实现工业废水稳定达标排放，加强环境执法，对重点工业污染源要明确水污染物排放总量控制指标和削减指标，实行责任制。注重农业面源污染治理，从源头和生产过程有效控制农业面源污染；提高规模化畜禽粪便资源化综合利用率和污染排放达标率；严格控制大中型水库的肥水养鱼，遏制水产养殖造成的水体富营养化迅速扩展的趋势。

2. 加强大气环境监管

加强酸雨防治，加快电站脱硫设施建设，大幅度削减二氧化硫等污染物排放量。加大火电、煤矿、化工、冶金、建材等行业二氧化硫综合治理力度。加强城区烟尘、粉尘、细颗粒物和汽车尾气防治，强化机动车污染控制，限制超标排放车辆，有效控制机动车尾气污染，逐步推行新能源汽车。在城市建成区内禁烧原煤和散煤，推广使用清洁能源。继续实施城区煤改气工程，控制餐饮油烟污染。加强扬尘污染治理，有效控制城市扬尘污染。

3. 加快固体废弃物处置和利用

加强工业固体废弃物治理，强化固体废弃物综合利用，新建一批煤

---

① 四川政协报，http://sczxb.newssc.org/html/2010-10/21/content_1085840.htm，2010-10-21，第01版.

渣、粉煤灰、垃圾焚烧渣综合利用项目。以火电行业为重点，实施低氮燃烧技术和脱硝设施改造，严格控制二氧化硫、氮氧化物及烟尘排放。妥善处置危险废弃物和医疗废弃物，加强危险化学品、化工、有毒有害、重金属等行业的污染防治。

4. 强化声环境整治

实施“宁静工程”，加强城市交通噪声污染治理。加强施工噪声污染治理，加大建筑施工噪声超标排放和夜间违法施工行为的查处力度。加强工业噪声污染防治，控制生产性噪声污染，营造宁静的生活环境。

（四）成渝地区资源节约集约利用任务

1. 节约集约利用土地资源

坚持最严格的耕地保护制度，强化节约和集约利用土地，提高土地产出率。城镇及村庄建设用地综合考虑区域土地利用和经济、社会、环境条件，促进农民居住向中心村和集镇集中。工业用地规模按列入经济社会规划的投资规模和行业用地定额确定。交通用地综合考虑与生产力布局、城镇布局和交通设施之间的相互协调。水利设施建设用地做好与水资源、土地资源的开发利用相协调。优先利用存量土地和闲置土地。做好地震、滑坡、崩塌、泥石流、地面塌陷、地面沉降等地质灾害的防治工程。

2. 合理开发利用水资源

高度重视水安全，强化水资源管理和有偿使用。统筹安排生活、生产、生态用水，优先满足生活用水，保障生产和生态用水。大力推广工业节水新技术、新工艺和新设备，改造传统用水工艺。实施一批节水示范工程，发展节水型产业和企业，提高工业用水重复利用率、污水处理和回用水平。大力推广节水灌溉技术和设备，加快大中型灌区节水改造，提高灌溉用水利用系数，推进节水型农业发展。

3. 加强资源综合利用

积极推广“种植—养殖—沼气—优质有机肥”资源综合利用的农业发展模式，开展生活垃圾、建筑废弃物及秸秆、地膜等农业废弃物综合利用。大力推进企业间通过产业链的延伸和耦合，实现废弃物的循环利用，加快建设循环经济产业园区，搞好循环经济城市试点。推进废金属、废纸、废塑料、废旧轮胎、废旧家电、包装废弃物的回收和循环利用。

4. 合理适度开采矿产资源

按照有序开发、合理利用的原则，加强能源和矿产资源地质勘查、保护和集约开发，优化矿产资源开发利用布局，提高矿产资源采选回收率与矿产资源综合利用率。鼓励开采资源丰富、市场前景好、对环境影响小的矿产，限制开采供大于求、严重污染环境的矿产，全面提高矿产资源综合利用水平。应用先进适用的采、选、冶工艺提高开采回采率，选矿、冶炼回收率和矿产资源综合利用率；强化尾矿、废石综合利用，提高产品附加值，实现采矿业的优化升级。

第三节 成渝地区资源环境保护制度安排

一、环境保护国外经验借鉴——以瑞典为例

发达国家在大力推进工业化进程中，经济获得高速发展，但也伴随着严重的环境污染后果。在经历先污染、后治理的沉痛代价后，意识到经济发展与环境保护的双赢才是国家择优选择的发展道路。发达国家通过一系列制度创新，推动环境与经济的协调发展。瑞典在保持经济高速增长的同时，实现了环境质量的持续改善，在可持续发展方面为全球树立了典范，其制度创新为其他国家的环境与经济协调发展道路提供了经验借鉴。

（一）制定系统的“目标导向式”环境保护法规体系

瑞典加强环境保护顶层设计，在制定环境保护法律法规方面成就显著。瑞典环境保护法规体系是以“环境质量目标”为中心层层展开的。1998 年，《瑞典环境法》作为瑞典的基本法之一出台。《瑞典环境法》系统分解环境质量要素，并将瑞典环境保护清晰地界定为瑞典十六大环

境质量目标。环境质量目标体系建立的五大原则是，有利于人类健康、生物多样性保护、自然资源保护、文化遗产保护、生态系统生态修复。为了实现十六大环境质量目标，瑞典明确提出实现环境质量目标的阶段目标和行动战略，并上升为国家立法。阶段目标是界定具体环境保护行动的方向和行动实施的具体时刻表，阶段目标遵循的原则是准确、容易理解和执行，易于短期和长期监控，能融入全面的目标体系。阶段目标主要是为环境立法的实施提供指导，为区域和地方环保目标的实现提供基础和参考依据，是环境管理体系具体领域目标体系设立的基础，决定了瑞典在国际谈判中的地位。三大行动战略则是为实现环境保护目标优先考虑的行动战略，那些既能促进环境目标实现又能促进其他目标实现的措施将被优先考虑，政府提出的三大行动战略是未来环境保护行动的纲领。

（二）环境质量目标体系层层落实到各个区域和各个行业

环境质量目标体系是跨行业和跨区域的，在行业和区域落实时还有待进一步限定和具体化。具体而言，瑞典政府通过制定环境管治政策和环境经济政策，将国家环境保护目标逐级分解落实到省、市、县等各级地方区域，细化到各个地方、各个行业，影响和落实到生产、生活的各方面。省级行政机构负责将国家环境保护目标细化到区域层面的环境保护目标，市县行政机构又将区域环境保护目标细化为地方层面的环境保护目标进行落实，各行业具体界定行业环境保护目标，最终，瑞典十六大环境质量目标体系被分解为各个行业和各级地方的环境保护目标。①

市级管理机构作为地方权力机构和公共服务提供者，对确保地方拥有好的生活条件负责任，同时也负责将国家环境保护目标落实到地方，制定和落实地方环境保护目标和行动战略。市级管理机构发挥其专家、公共管理机构及其政治影响力，加强地方利益相关者之间的合作与对话，使其接受环境保护目标，这对环境保护目标的实施与完善具有重要作用。县级管理机构通过提供数据支撑市级管理机构制定地方环境保护

① 刘登娟，黄勤．环境经济政策系统性与我国生态文明制度构建［J］．国外社会科学，2013（3）．

目标和行动计划。国家住房、建筑与规划部与其他相关机构，发展、支持并尊重市级地方政府在环境保护目标社区规划方面的工作。许多市级管理机构已经依据国家环境保护目标制定了地方环境保护目标及行动战略，具体措施存在差异，但普遍引入环境管理系统并与《21世纪议程》相协调。许多市级地方政府已将环境质量目标全面融入各类规划中。

县级管理机构负责环境保护措施在区域层面的落实和评估。这项工作涉及在跨行业领域中与市级政府、商业各领域、其他利益相关者的协商。环境质量目标区域实现工作应依据具体区域实际情况，找到适合在区域和地方实施的措施，为区域环境保护行为提供指引，在社区规划和资源高效利用中充分考虑环境保护法和国会指导思想，县级管理机构应与其他县级管理机构、区域管理机构加强合作。县级管理机构的日常工作中融入可持续发展目标，尤其要在基础设施规划、区域增长协议、投资项目中体现出来。

（三）环境经济政策体系作用于生产和生活的各个环节

瑞典是欧盟国家中最早使用经济政策进行环境管理的国家之一，瑞典还是经济合作与发展组织中使用最多经济政策进行环境管理的国家之一，瑞典环境经济政策体系为瑞典环境可持续能力提升做出了巨大贡献。[①]

1. 住房与服务业环境经济政策

瑞典住房与服务业环境经济政策包括：能源税、电力消耗税、二氧化碳税、对新房安装生物质能供热系统和旧房安装节能窗户的税收减免、公寓建筑改换补助金、家庭住房及相关建筑转换补助金、公共建筑能源利用效率提高与改换补助金、房产税、太阳能供热和太阳能板使用补助金。

对新房安装生物质能供热系统和旧房安装节能窗户实行税收减免，减免成本的30%，即超过1万克朗，最多的减免达到每间房间1.5万克朗。2004年，申请税收减免的窗户有9569套，供热装备757套，实

① 刘登娟，黄勤. 环境经济政策系统性与我国生态文明制度构建［J］. 国外社会科学，2013（3）.

际获得税收减免的窗户5331套，供热装备61套。

家庭住房及相关建筑转换补助金：家庭直接电力供热向区域供热系统、生物燃料、地热、湖热泵转换可获得材料和人力成本的30%的补助，即最高可获得3万克朗/户的补助金。如果太阳能供热装置被安装，每户房屋主人可另外获得最高7500克朗补助金。家庭电力供热从燃烧油气炉向区域供热系统、生物燃料、地热、湖热泵转换可获得材料和人力成本的30%的补助，即最高可获得1.4万克朗/户的补助金。自2000年开始，房屋、公寓和其他建筑安装太阳能供热系统均可获得政府补助金。截至2005年，批准的补助金达到5000万克朗。

2. 交通运输业环境经济政策

交通运输业环境经济政策类型多样，具体有机动车燃料征收能源税和二氧化碳税、机动车生物燃料税收减免、机动车税、机动车燃料环境等级分类并征收差别化税收、公司车辆税收及免费汽车燃料税、重型机动车道路收费、补贴公共交通、汽车轮胎收费、机动车报废补贴、交通拥堵税、运输基金、降低的烷基化物汽油税、航空税、船运航线环境税、停靠（落地）环境收费、船废油处置补助金等。[①] 2004年瑞典机动车燃料征收能源税和二氧化碳税总额超过600亿克朗，对机动车汽油燃料征收能源税和二氧化碳税总额超过250亿克朗。

道路收费。1998年2月1日起瑞典开始对超过12吨重的卡车和拖车实施重型机动车道路收费。瑞典是继荷兰、丹麦、卢森堡、比利时、德国之后加入道路收费方案的国家之一。

汽车轮胎收费。汽车和摩托车轮胎收费13克朗，瑞典retread汽车轮胎收费8克朗，建设机器及大型拖拉机轮胎收费350克朗，建设机器轮胎超过29寸收费800克朗，卡车轮胎收费80克朗。几乎100%的轮胎要回收和循环再利用。2005年上半年，34000吨轮胎被回收，33000吨轮胎被循环利用，97%的轮胎被循环利用，其中58%用于做燃料，19%用于物质循环。

交通拥堵税。2005年8月—2006年7月，在瑞典首都斯德哥尔摩

---

① 刘登娟，黄勤. 环境经济政策系统性与我国生态文明制度构建［J］. 国外社会科学，2013（3）.

中心区域及其周边地区道路征收交通拥堵税，这缓解了拥堵状况，减少了温室气体排放及对健康和环境不利的有毒有害物质排放，降低了噪音水平。生物燃料机动车免收交通拥堵税，以此来激励购买生态环保型汽车。同时，大量复杂、高科技设备被用于记录所有进出拥堵区域的车辆情况，管理成本也相当高。

3. 农林牧渔业环境经济政策

农林牧渔业环境经济政策有：能源森林种植与能源作物培育财政支持、林业税收激励、土地使用限制购买与补贴、森林土地管理、对化肥中的镉征税、对化肥中的氮征税、杀虫剂征税、农业环境补贴、用于农业和森林而非机动车使用的加热轻油的税收减免以及用于农业、森林和渔业的柴油的税收减免。经验表明，税收是对林地所有者和森林进行资源环境管理最有效的手段。

4. 其他环境经济政策

其他环境经济政策包括：环境惩罚、填埋税、押金返还机制、场所修补基金、天然砾石税、水污染收费、电池收费、氡收费、湖泊石灰使用政府批准、渔业保护措施政府资助等。环境惩罚最低 1000 克朗，最高 100 万克朗。2004 年瑞典政府资助的研究发现环境惩罚能起到环境污染防治效果，并提议更多的环境污染行为应受到环境惩罚。填埋税的目的是为垃圾的循环使用、物质的回收再利用、焚烧发电等提供经济刺激，其目的也是减少垃圾数量。押金返还机制在瑞典比较盛行，比如在购买饮料时，饮料价格已包含了对饮料瓶、矿泉水瓶、易拉罐等包装的押金，一旦向超市退还饮料瓶等时，超市将返还押金。

（四）制定了保障环境保护目标实现的环境监管与评估体系

环境目标体系是目标导向型，在监管与评估体系建立之前，瑞典环境保护的努力是没有系统化的，监管、评估与报告体系作为环保目标体系的必要补充，旨在确保环保措施取得了预期的环保效果。瑞典政府在瑞典环境保护局下设环境目标委员会，负责在向国会定期报告之前先向政府报告环境质量目标实现情况，并用当年财政拨款支持其环境监管和报告行动。清晰、明确的环境目标体系框架，再配合公正透明的监管和评估体系，将极大地促进“目标—结果”导向过程的实现。

环境监管与评估行为的恰当实施必须有统一标准，其责任和义务要清晰界定。国家层面、区域层面和市县层面的环境监管与评估行为应符合具体实际，政府安排相应的机构负责对每一项环境质量目标的制定与实现，比如，瑞典环境保护局负责 16 大环境质量目标中的 9 项环境质量目标。

环境质量目标的实现需要广泛的合作，因此，政府在环境保护局下设环境保护目标委员会。环境质量目标委员会设立的目的是协调多方环境保护工作并确保环境保护工作的高效运行。环境质量目标委员会的具体工作包括对政府环境质量目标和阶段目标的工作进展进行全面评估和报告，找出环境质量目标与其他目标间的冲突；与相关机构协商后提出环境质量目标评价指标和绿色一级指标；全面协调国家阶段目标在区域中的实现；协调国家和区域环境保护目标措施。环境质量目标委员会成员由负责环境质量目标各个方面责任的机构、个人、县级管理机构、行业主管机构、市级管理机构、商业领域机构的代表构成。

每年政府将向国会提交简要的环境质量目标实现情况报告书，每四年将向国会递交环境质量目标实现情况深度报告，研究环境保护工具是否恰当以及环境保护目标是否需要修改。报告和评估目的是发现环境问题的重要根源，报告环境保护进程是否能在既定时期内实现环境保护目标，为预测提供数据，衡量是否需要更多措施促进环境保护目标在预期内实现，从公共经济和政府财政的角度总结环境保护目标、内部目标、措施手段的实施效果，提供措施耗费经济成本的相关数据。

同时，瑞典政府认为，在全球视野下采取环境措施并保持动态变化是非常重要的。经验表明，未来的环境问题很难预测。随着对环境问题认识的提高、环保技术的改善，新的环境问题、没被发现的环境问题以及被低估的环境问题都将得到及时解决。因此，环境目标和环境保护手段在设计时也随着新情形的变化而变化。根据监管和评估结果对法律、法规、政策、措施作出修改和完善，保障环境质量目标的实现。

（五）形成全社会广泛参与环境保护的新风尚

立法和公共机构不会仅仅停留在自身建设方面，各级地方政府将环境保护目标落实到组织、企业和个人。公共机构、组织、企业、个人都将为可持续发展付出更多，这需要更多的信息、教育和评估。立法、经济手段、政府与企业的自愿协议与合作，环保非政府组织都将发挥更大作用。各行各业在自身领域中承担可持续发展责任，包括界定行业机构的角色，以行业目标和行业措施的形式构建环境保护行动基础，以公共经济方式描述措施效果，采取措施确保行动实施，保持行动发展，与行业其他利益相关者合作。

同时，各级政府加强对可持续发展相关研究和教育的投入和支持。研究对环境政策的制定至关重要，可持续发展研究包括基础研究和问题导向的研究。好的、全面的、务实的可持续发展教育是环境质量目标实现的必要条件，公众对环境知识的普及有利于可持续发展。

（六）全球环境合作是环境内部治理的必要补充

环境问题的本质是跨地区边界的，要实现瑞典环境保护目标，全球合作与全球协议是必需的。国际合作与国内环境保护的努力互为补充，共同推动环保目标的实现。瑞典不仅强化环境保护的国内措施，还加强环境保护国际合作，同国际社会一起解决环境问题。瑞典环境保护目标的努力与欧盟环境政策密切相关。瑞典国内强有力的环境保护行动使瑞典在国际论坛上要求其他国家的环保行动时显得非常让人信服。欧盟、相邻地区和全球层面许多重要的进程都影响到瑞典，比如，将可持续发展战略融入欧盟政策，欧盟成员国扩大，北欧合作与环波罗的海合作，加强全球环境管理与全球环境立法，研究新的多边贸易协定对可持续发展的影响。

（七）积极推进产业结构优化升级

瑞典经济社会发展历程显示，瑞典经济保持持续增长的同时，环境质量还得到了明显改善。其中，积极推进产业结构优化升级的作用不可低估。19 世纪以前，瑞典是以农业为主的农业大国，农业是瑞典经济的主要支柱；19 世纪到 20 世纪，瑞典经济从以农业为根本转型为以重工业为中心，工业快速发展，瑞典转型为以工业为支柱产业的工业化国家；进入 20 世纪以来，瑞典产业结构进一步升级，其主导产业是林业、电信业、汽车业、制药业，机械和运输设备、工业机械、化学品和橡胶产品、电子和电信产品、木材和纸制品、矿产品、道路交通工具、医药产品成为瑞典主要的出口产品，这四大产业对环境的负面影响均较小。瑞典是全世界森林覆盖率最高的国家之一，林业的产业化发展不仅为瑞典创造了巨大的经济收益，还使瑞典成为全球环境绿化最好的国家之一；瑞典电信业以爱立信为代表，拥有全球通讯业最大份额，电信业的快速发展对环境破坏力较小；在汽车业领域，瑞典具备从图纸设计到流水线生产的全方位汽车制造能力，在汽车安全和远程信息处理等领域也是领先国家之一；在医学领域，瑞典有着悠久的历史，按人口计算，瑞典是世界上拥有生命科学公司最多的国家，瑞典临床医学出版物也是世界上被引用次数最多的。当前，瑞典在以四大产业为主导产业的基础上，加大研发投入力度，产业结构进一步优化，知识密集型、创新型产业蓬勃发展，音乐创作、音乐制作、动漫、游戏、环保产业、生物制药等出口剧增，成为瑞典经济新的增长点并影响全球。根据《美国中央情报局世界各国概况》的介绍，2008 年瑞典各产业占 GDP 的比重为：服务业 70.5%、工业 28%、农业 1.6%。瑞典在保持经济强劲持续增长的同时，大力调整产业结构，经济发展从依赖农业发展到发展重工业，再到发展对环境污染小的产业，再到依赖技术和创新等推动的第三产业的发展，产业结构不断优化升级，减少了对资源的消耗和对环境的污染，并促进环境质量的改善，实现了保持经济增长和环境质量改善的双赢。

二、成渝地区资源环境保护政府管制制度安排

（一）完善环境保护法规

成渝地区要实现环境质量改善必须依赖健全的环境法律法规。一方面，成渝地区应全面贯彻和落实国家环境保护相关法律、法规和标准；另一方面，对于国家层面环境保护相关法律法规的不完善之处，成渝地区应针对区域实际情况，依据国家法律法规，制定、修改、完善和实施适合区域环境保护的地方法规和条例，弥补国家层面环境保护法律法规

过于笼统、针对性不强、操作性不强等问题，解决区域具体的环境问题。

（二）制定和落实环境经济政策体系

环境经济政策体系是使用经济手段实现环境保护和资源节约目标的政策体系，具体包括排污收费、环境税、环保补贴、环保财政拨款、排污权交易、碳交易、绿色信贷、绿色保险、绿色证券等手段和政策。成渝地区环境经济政策不能仅停留在理论研究层面，而应落实具体的环境经济政策，增强环境经济政策对环境保护的作用。针对排污收费标准普遍偏低的现状，成渝地区可适当调高排污收费标准；积极稳妥调整资源性产品价格，使价格能反映资源稀缺程度；逐步扩大二氧化硫、化学需氧量排污权交易试点城市范围，并将氮氧化物、氨氮等主要污染物纳入排污权交易；充分利用国家对环境保护投入的财政支持，积极申报生态文明先行示范区、生态文明示范工程等，获得更多环境保护相关资金和政策支持；落实绿色信贷政策，限制对高消耗、高污染企业和个人信贷业务，支持对节能环保、低消耗、低排放企业的信贷业务；健全环境污染责任保险制度，对环境高风险行业开展环境污染责任保险；落实生态补偿机制，积极争取国家生态补偿专项资金支持，推动区域内流域上下游间、生态受益区与生态保护区间、开发地区与保护地区间的生态补偿。

（三）健全环境管制政策

进一步优化国土空间开发格局，落实《四川省主体功能区规划》《四川省生态功能区划》《重庆市生态功能区划》《重庆市主体功能区规划》关于国土空间优化开发的规划，将尊重环境容量、生态本底、自然禀赋作为区域开发必须遵循的前提，在地理空间上提前规划人类开发行为和产业布局，保障生态红线，实现生产空间集约高效、生活空间宜居适度、生态空间山清水秀，从空间管制上，将人类活动对生态环境的负面影响降至最低水平。

严格建设项目环境管理，建设项目必须通过环境影响评价才能开工建设，在建项目必须遵守“三同时”制度，对违反环境影响评价制度和

“三同时”制度的项目，必须停工并追究相关责任；加强对环境污染活动的监测、监督和执法，对违反环保规定和标准的企业，除采取收费、罚款等经济手段外，还视污染严重程度，采取“关”“停”“并”“转”行政强制手段，以命令控制型方式迫使企业污染排放达到环保标准。

（四）出台促进经济绿色转型政策

一方面，环境保护融入和渗透到经济发展中，以环境保护倒逼机制，实现环境保护优化经济发展。加快淘汰重污染企业和污染排放不达标落后产能，以减少主要污染物排放为目标，实施工程减排、结构减排、管理减排，促进工业企业引进新生产工艺和设备，改进旧的污染治理设备，增加新的污染减排设施，加强企业节能减排管理，实现企业绿色转型升级。

另一方面，从优化产业自身发展出发，大力发展园区经济，建成各具特色的循环经济产业园区、生态产业园区、高新技术园区、农业产业园区等。新建工业企业原则上均进入园区，鼓励现有有条件工业企业搬迁至园区。园区以“减量化”“再利用”“资源化”为建设原则，促进园区企业循环生产和清洁生产。再者，出台信贷、税收减免、补贴等各种优惠扶持政策，鼓励环保产业、信息产业、生物制药等战略性新兴产业的发展。

（五）制定全面落实环境经济协调发展的保障制度

绿色 GDP 核算是在 GDP 核算基础上，减去资源消耗价值、环境污染损失价值和生态破坏价值。绿色 GDP 核算将生态环境价值纳入国民经济核算体系，能正确反映资源消耗和环境破坏对经济的影响。四川省、重庆市自 2004 年以来参与了由环保部和统计局组织的绿色 GDP 核算，并对历年资源消耗、环境污染、生态破坏进行了价值核算，摸清了四川省和重庆市经济发展的资源环境代价。成渝地区应继续实施绿色 GDP 核算，获取环境污染和生态破坏价值，并根据绿色 GDP 核算结果，制定相应的资源节约和环境保护政策与措施。

将污染减排和环境质量改善相关指标纳入地方政府官员绩效考核体系。改变重经济增长、轻环境保护、环境保护滞后于经济发展的现状，应从改革地方政府官员绩效考核开始。当前，四大主要污染物二氧化硫、氨氮、化学需氧量、氮氧化物的减排目标，已经纳入国家中长期经济社会发展规划，减排目标和任务也已分解到各省区和直辖市。因此，下一步，各地方主要污染物减排目标也应作为地方政府官员政绩考核的指标。同时，主要污染物类型还应扩大到与人类健康息息相关的其他污染物，比如导致当前大面积雾霾天气出现的可吸入颗粒物、PM2.5 等。只有将污染减排和环境质量改善相关指标纳入地方政府官员绩效考核体系，才能从源头激发地方政府对环境保护的重视，并采取有力措施积极改善环境质量。

三、成渝地区企业参与资源环境保护制度安排

（一）加强企业环境管理

加强企业环境管理既能创造巨大的节能减排降耗空间，又能增强企业竞争力。成渝地区企业应加强环境管理，积极承担企业社会环境责任，并自愿引入 ISO14000 全球环境管理体系，以环境管理国际标准提高企业环境管理水平。在企业文化培育方面，企业家和企业管理层将资源节约、环境保护理念作为企业文化的重要内容之一，通过培训、宣传等多种方式将环境保护理念灌输给企业每一位员工，增强其资源节约和环境保护意识和素养，改变企业员工不利于资源节约和环境保护的生产生活行为。在企业的生产性行为中，企业应从生产原材料选择、生产过程的清洁化、产品绿色包装和流通、产品绿色营销、产品回收再利用，即从生产的全过程加强资源节约和环境保护。

（二）加大企业环保投资

企业环保投资包括投入人力、物力、财力购买和研发具有节能减排功能的新生产技术、新工艺、新设备，使企业生产效率提高的同时减少污染排放，提升企业绿色品牌形象和产品市场占有率，进而增强企业竞争力；企业环保投资还包括企业扩展新业务，投资环保产业等战略性新兴产业，抢占经济新增长点的同时，对节能环保做出贡献。企业加大环

保投资，从短期来看，收益不明显且具备一定风险，但从长期来看，收益增长持续稳定。在国家相继出台促进环保产业发展新政和国际环保产业发展利好的大前提下，企业在做好前期投资的风险收益评估后，加大环保投资，将促进企业经济效益和环境效益的双赢。

（三）积极参与新型环保市场交易

随着环境问题受到全球的共同关注，全球不同区域和国家共同采取措施应对环境问题，许多新型的、全球化的环保交易随之产生。为应对全球气候变暖，控制温室气体排放，新的市场手段——碳交易产生。我国人口多，是目前仅次于美国的第二大碳排放国，我国政府在哥本哈根会议上向全世界承诺，到 2020 年中国单位 GDP 二氧化碳排放量比 2005 年减少 40%～45%。依据这个承诺，中国将承担全球二氧化碳减排量的 1/4，减排压力大、任务重。成渝地区企业将积极主动承担碳减排任务，参加森林碳汇、碳交易等新型环保市场交易的国际行为。同时，排污权交易作为新的控制污染排放的市场手段，目前还处于试点阶段。成渝地区企业应积极配合政府，完善排污权交易的市场配套，做好排污权交易的试点示范工作，积极总结推广经验，逐步扩大排污权交易范围，为污染减排做出贡献。

（四）促进企业科技创新

科学技术的突飞猛进带来生产技术和设备的革新，生产机械化、自动化、专业化、规模化、信息化程度大大提升，生产力和劳动生产率大幅提高，生产资料产出率大大增加，经济增长从依靠劳动力、生产资料的大量投入和消耗逐步转向依靠资金、管理创新、技术创新和劳动者素质提高，经济增长方式从外延式、粗放型、劳动密集型、资本密集型转向内涵式、集约化、技术密集型和创新驱动发展道路。一方面，新的生产技术和设备大大促进了资源深加工程度和资源循环再利用率的提高，资源综合利用效率显著提高，“吃干榨净”是当前资源综合利用的倡导方式。另一方面，新的生产技术和设备大大促进了产业结构的优化升级和清洁生产的发展，尤其是在淘汰落后产能、改造提升传统产业、加快发展环保产业和其他战略性新兴产业方面的贡献极其突出。新的生产技术与设备运用到生产领域，会大大降低生产性污染物的排放和提高污染治理水平，减排效应明显，为生态环境保护和改善环境质量提供强大的推动力。企业应高度重视技术创新在资源节约和环境保护方面的重要作用，提高自主创新能力，加大技术创新投入，出台鼓励创新推动的机制，促进创新技术的成果转化。

四、成渝地区公众参与资源环境保护制度安排

公众是经济发展的积极建设者，也是环境保护的积极参与者。首先，应加强对生态文明理念的宣传和普及。成渝地区各级政府和相关机构、组织应积极宣传和推广生态文明理念，提高人民的生态文明意识，树立尊重自然、顺应自然、保护自然、爱护环境、保护环境的生态文明理念。其次，提高公众对环境问题的知晓权和参与度。各级政府和机构应通过广播、电视、网络、电话、短信、微信等多种媒体方式将环境信息及时、实时、全面、真实地公布出来，保障公众对环境问题的知晓权，开放更多公众参与环境问题的方式和渠道，公众以听证会方式参与重大环境问题决策，参与环境污染问题电话投诉、环境公益诉讼等。再次，公众以实际行动积极践行生态文明，从吃、穿、住、行四方面减少过度消费和奢侈性消费，提倡适度消费、低碳消费、节俭消费、绿色消费，通过消费的绿色转型，减少资源能源消耗和环境污染，形成生态文明的社会新风尚。

参考文献

一、学术著作

[1]“推进生态文明建设　探索中国环境保护新道路”课题组．生态文明与环保新道路［M］．北京：中国环境科学出版社，2010.

[2] 奥斯特罗姆．制度激励与可持续发展［M］．上海：上海三联书店，2000.

[3] 保罗·萨缪尔森，威廉·诺德豪斯．经济学（第18版）［M］．北京：人民邮电出版社，2011.

[4] 曹俊文．环境与经济综合核算方法研究［M］．北京：经济管理出版社，2002.

[5] 陈栋生．区域经济学［M］．郑州：河南人民出版社，1993.

[6] 陈鹤亭，等．现代经济分析新方法［M］．济南：山东省地图出版社，2000.

[7] 陈淮．工业部门结构学导论［M］．北京：中国人民大学出版社，1990.

[8] 陈喜红．环境经济学［M］．北京：化学工业出版社，2008.

[9] 陈宪．经济学方法论通览［M］．北京：中国经济出版社，1995.

[10] 陈秀山，张可云．区域经济理论［M］．北京：商务印书馆，2005.

[11] 陈耀．国家中西部发展政策研究［M］．北京：经济管理出版社，2000.

[12] 丹尼斯，梅多斯，等．增长的极限［M］．北京：机械工业出版

社，2006.
[13] 邓宏兵，张毅. 人口、资源与环境经济学 [M]. 北京：科学出版社，2006.
[14] 邓玲，张红伟. 中国七大经济区产业结构研究 [M]. 成都：四川大学出版社，2002.
[15] 杜肯堂，戴士根. 区域经济管理学 [M]. 北京：高等教育出版社，2004.
[16] 高吉喜，等. 生态文明建设区域实践与探索——张家港市生态文明建设规划 [M]. 北京：中国环境科学出版社，2010.
[17] 郭建斌，等. 环保产业与循环经济 [M]. 北京：中国轻工业出版社，2010.
[18] 国务院. 中国21世纪议程 [M]. 北京：中国环境科学出版社，1994.
[19] 国务院法制办. 中华人民共和国环境保护法 [M]. 北京：中国法治出版社，2010.
[20] 哈维·阿姆色特朗，吉姆·泰勒. 区域经济学与区域政策 [M]. 上海：上海人民出版社，2007.
[21] 何爱萍. 区域经济可持续发展导论 [M]. 北京：经济科学出版社，2004.
[22] 赫寿义，安虎森. 区域经济学 [M]. 北京：经济科学出版社，1999.
[23] 洪银兴. 可持续发展经济学 [M]. 北京：商务印书馆，2000.
[24] 侯景新，尹卫红. 区域经济分析方法 [M]. 北京：商务印书馆，2004.
[25] 侯伟丽，等. 中国经济发展中的资源环境问题 [M]. 济南：山东人民出版社，2009.
[26] 胡佛. 区域经济学导论 [M]. 北京：商务印书馆，1990.
[27] 环境保护部. 第六次全国环境保护大会文件汇编 [M]. 北京：中国环境科学出版社，2006.
[28] 黄娟. 生态经济协调发展思想研究 [M]. 北京：中国社会科学出版社，2008.

[29] 黄玉源，钟晓青．生态经济学［M］．北京：中国水利水电出版社，2009.

[30] 霍斯特·西伯特．环境经济学［M］．北京：中国林业出版社，2001.

[31] 季斌，沈红军．城市发展的可持续性——经济环境协调机理研究［M］．南京：东南大学出版社，2008.

[32] 解洪．四川建设长江上游生态屏障的探索与实践［M］．成都：四川科学技术出版社，2002.

[33] 康芒纳．与地球和平共处［M］．上海：上海译文出版社，2002.

[34] 雷切尔·卡逊．寂静的春天［M］．长春：吉林人民出版社，1997.

[35] 李裴，邓玲．贵阳自然生态系统和环境保护［M］．贵阳：贵州人民出版社，2013.

[36] 李斯特．政治经济学的国民体系［M］．北京：商务印书馆，1981.

[37] 李悦，李平．产业经济学［M］．大连：东北财经大学出版社，2002

[38] 联合国．21世纪议程［M］．北京：中国环境科学出版社，1993.

[39] 林凌．中国经济的区域发展［M］．成都：四川人民出版社，2006.

[40] 刘思华．经济可持续发展的制度创新［M］．北京：中国环境科学出版社，2002.

[41] 刘天齐，黄小林，等．区域环境规划方法指南［M］．北京：化学工业出版社，2001.

[42] 鲁传一．资源与环境经济学［M］．北京：清华大学出版社，2004.

[43] 马传栋．工业生态经济学与循环经济［M］．北京：中国社会科学出版社，2007.

[44] 马克思，恩格斯．马克思恩格斯选集（第二卷）［M］．北京：人民出版社，1972.

[45] 马克思．剩余价值学说史（第一册）［M］．北京：人民出版

社，1975.
[46] 马克思. 资本论 [M]. 北京：人民出版社，1975.
[47] 马歇尔. 经济学原理 [M]. 北京：商务印书馆，1981.
[48] 马中. 环境与自然资源经济学概论 [M]. 北京：高等教育出版社，2006.
[49] 邱桂杰. 区域开发与环境协调发展的动力与机制研究 [M]. 长春：吉林大学出版社，2010.
[50] 任保平. 西部地区生态环境重建模式研究 [M]. 北京：人民出版社，2008.
[51] 沈满洪，高登奎. 生态经济学 [M]. 北京：中国环境科学出版社，2008.
[52] 宋涛. 城市产业生态化的经济研究 [M]. 厦门：厦门大学出版社，2010.
[53] 孙允午，等. 可持续发展与环境经济政策 [M]. 上海：上海财经大学出版社，2011.
[54] 唐晓华. 现代产业经济学导论 [M]. 北京：经济管理出版社，2011.
[55] 王军，等. 资源与环境经济学 [M]. 北京：中国农业大学出版社，2009.
[56] 王维国. 协调发展理论与方法研究 [M]. 北京：中国财政经济出版社，2000.
[57] 吴海鹰. 中国西部经济与地方可持续发展 [M]. 北京：中国经济出版社，2006.
[58] 奚旦立. 环境与可持续发展 [M]. 北京：高等教育出版社，1999.
[59] 亚当·斯密. 国富论 [M]. 杨敬年，译. 西安：陕西人民出版社，2001.
[60] 杨士弘，廖重斌，郑宗清. 城市生态环境学 [M]. 北京：科学出版社，1996.
[61] 姚建. 环境经济学 [M]. 成都：西南财经大学出版社，2001.
[62] 张清宇，等. 西部地区生态文明指标体系研究 [M]. 杭州：浙江

大学出版社，2011.
[63] 张塞. 经济分析方法论 [M]. 北京：中国统计出版社，1992.
[64] 张守一. 数量经济学导论 [M]. 北京：社会科学文献出版社，1998.
[65] 张维迎. 博弈论与信息经济学 [M]. 上海：上海人民出版社，1997.
[66] 张征. 环境评价学 [M]. 北京：高等教育出版社，2004.
[67] 张梓太. 自然资源法学 [M]. 北京：科学出版社，2004.
[68] 中国工程院，环境保护部. 中国环境宏观战略研究 [M]. 北京：中国环境科学出版社，2011.
[69] 中国科学院可持续发展战略研究组. 2011 中国可持续发展战略报告——实现绿色的经济转型 [M]. 北京：科学出版社，2011.
[70] 中国社会科学院环境与发展研究中心. 中国环境与发展评论（第二卷）[M]. 北京：社会科学文献出版社，2004.
[71] 中国社会科学院环境与发展研究中心. 中国环境与发展评论（第一卷）[M]. 北京：社会科学文献出版社，2001.
[72] 钟水映，简新华. 人口、资源与环境经济学 [M]. 北京：科学出版社，2007.
[73] 周生贤. 机遇与抉择 [M]. 北京：新华出版社，2007.
[74] 左玉辉，华新，柏益尧. 经济—环境调控 [M]. 北京：科学出版社，2008.

二、学位论文

[1] 鲍丽洁. 基于产业生态系统的产业园区建设与发展研究 [D]. 武汉：武汉理工大学，2012.
[2] 曹蕾. 区域生态文明建设评价指标体系及建模研究 [D]. 上海：华东师范大学，2014.
[3] 陈红喜. 企业绿色竞争力的理论分析与实证研究 [D]. 南京：南京农业大学，2008.
[4] 方化雷. 中国经济增长与环境污染之间的关系——环境库茨涅茨曲

线假说的产权制度变迁解释与实证分析［D］. 济南：山东大学，2011.
［5］傅朗. 区域环境与经济协调发展的评价研究［D］. 北京：中国科学院，2007.
［6］盖凯程. 西部生态环境与经济协调发展研究［D］. 成都：西南财经大学，2008.
［7］龚海林. 产业结构视角下环境规制对经济可持续增长的影响研究［D］. 南昌：江西财经大学，2012.
［8］龚勋. 基于环境污染损失的重庆市绿色GDP核算体系研究［D］. 重庆：重庆大学，2008.
［9］黄海峰. 珠三角地区环境与经济协调发展研究及GIS技术应用［D］. 广州：中国科学院，2006.
［10］李国柱. 中国经济增长与环境协调发展的计量分析［D］沈阳：辽宁大学，2007.
［11］李浩民. 西部区域经济发展与环境保护相协调的法制化研究［D］. 兰州：甘肃政法学院，2015.
［12］李强. 土地利用变化与社会经济因素的内在关联性研究——以珠江三角洲典型城市为［D］. 广州：广州大学，2012.
［13］李伟. 长江上游生态屏障建设的经济学分析［D］. 成都：四川大学，2006.
［14］李新杰. 河南省环境经济协调发展路径及预警研究［D］. 武汉：武汉理工大学，2014.
［15］李艳. 环境—经济系统协调发展分析与评价研究［D］. 天津：河北工业大学，2002.
［16］刘银. 中国区域经济协调发展制度研究［D］. 长春：吉林大学，2014.
［17］卢琳. 陕西省资源型城镇空间布局规划与区域经济可持续发展［D］. 西安：长安大学，2008.
［18］潘慧玲. 江苏生态环境与经济协调发展研究［D］. 无锡：江南大学，2012.
［19］奇瑛. 成都城市人居环境与经济协调发展状况的评价研究［D］.

成都：西南财经大学，2007.
[20] 冉瑞平. 长江上游地区环境与经济协调发展研究 [D]. 重庆：西南农业大学，2003.
[21] 石建平. 复合生态系统良性循环及其调控机制研究 [D]. 厦门：福建师范大学，2005.
[22] 宋秀丽. 中外环境政策工具比较研究 [D]. 济南：山东经济学院，2011.
[23] 韦艳南. 城市群空间分析与西部重点城市群发展研究 [D]. 成都：西南财经大学，2007.
[24] 温怀德. 中国经济开放与环境污染的关系研究 [D]. 杭州：浙江工业大学，2012.
[25] 熊文. 广西经济增长与环境协调发展机制研究 [D]. 桂林：广西师范大学，2007.
[26] 杨猛兴. 人口、资源环境、经济与社会协调发展研究——以贵州省为例 [D]. 成都：西南财经大学，2014.
[27] 于肖肖. 川渝城市群环境与经济协调发展研究 [D]. 北京：北京工业大学，2015.
[28] 张少兵. 环境约束下区域产业结构优化升级研究：以长三角为例 [D]. 武汉：华中农业大学，2008.
[29] 钟世坚. 区域资源环境与经济协调发展研究——以珠海市为例 [D]. 长春：吉林大学，2013.
[30] 周建安. 我国产业结构演进的生态发展路径选择 [D]. 广州：暨南大学，2007.
[31] 周婷. 长江上游经济带与生态屏障共建研究 [D]. 成都：四川大学，2007.
[32] 左晓利. 基于区域差异的产业生态化路径选择研究 [D]. 天津：南开大学，2010.

三、期刊论文

（一）英文论文

[1] Asmild M，Paradi C V，Aggarwall V，et al. Combining DEA window analysis with the Malmquist Index approach in a study of the Canadian banking industry [J]. Journal of Productivity Analysis，2004，21 (1).

[2] Breedveld L，Timellini G，Casoni G，et al. Eco-efficiency of fabric filters in the Italian ceramic tile industry [J]. Journal of Cleaner Production，2007 (15).

[3] Charmondusit K，Keartpakpraek K. Eco-efficiency evaluation of the petroleum and petrochemical group in the map Ta Phut industrial estate，Thailand [J]. Journal of Cleaner Production，2011，19 (2).

[4] Färe R，Grosskopf S，Zaim O. An Environmental Kuznets Curve for the OECD countries//Färe R，Grosskopf S. New Directions：Efficiency and Productivity [M]. New York：Springer Science Business Media，2003.

[5] Halkos G，Tzeremes N. Trade efficiency and economic development：Evidence from a cross country comparsion [J]. Journal of Applied Economics，2008，40 (21).

[6] Hu A H，Shi S H，Hsu C W，et al. Eco-efficiency Evaluation of the Eco-industrial Cluster [J]. Envir-onmentally Conscious Design and Inverse Manu-facturing，2005 (12).

[7] Melanen M，Koskela S，Maenpaa I，et al. The Eco-efficiency of Regions－Case Kymenlaakso：ECOREG Project 2002－2004 [J]. Management of Environmental Quality，2004，15 (1).

[8] Mickwitz P，M，Rosenstrom U，et al. Regional eco-efficiency indicators－a participatory approach [J]. Journal of Cleaner

Production，2006，14 (18).
[9] Philippe B，Sergio P. Sulphur emissions and productivity growth in industrialized countries. Annal of Public Cooperative Economics [J]. 2005，76 (2).
[10] Seppala J，Melanen M. How can the eco-efficiency of a region be measured and monitored [J]. Journal of Industrial Ecology，2005，9 (4).
[11] Szargut J，Ziebik A，Stanek W. Depletion of the non-renewable natural exergy resources as a measure of the ecological cost [J]. Energy Conversion and Management，2002，43 (9).
[12] Taskin F，Zaim O. Searching for a Kuznets curve in environmental efficiency using Kernel estimations [J]. Economics Letters，2000，68 (2).
[13] Zaim O，Taskin F. A Kuznets curve in environmental efficiency: An application on OECD countries [J]. Environmental and Resource Economics，2000，17 (1).
[14] Zhang B，Bi J. Eco-efficiency analysis of industrial system in China: A data envelopment analysis approach [J]. Ecological Economics，2008，68 (2).
[15] Zheng H F. Exergy philosophy of natural resource [J]. Journal of Beijing Institute of Technology: Social Sciences Edition，2003，5 (2).

(二) 中文论文

[1] 安树伟. 资源环境约束下的长江三角洲地区工业发展 [J]. 资源与产业，2007 (2).
[2] 白林光，万晨阳. 城市居民绿色消费现状及影响因素调查 [J]. 消费经济，2012 (4).
[3] 白旻. 资源环境约束下中国工业化模式转换与制度创新 [J]. 工业技术经济，2008 (6).
[4] 包群，彭水军，阳小晓. 是否存在环境库兹涅茨倒 U 型曲

线？——基于六类污染指标的经验研究 [J]. 上海经济研究，2005 (12).
[5] 常阿平，等. 区域经济与环境协调发展的指标体系及定量评价方法研究 [J]. 环境科学与管理，2009 (10).
[6] 陈来卿，杨再高. 广州经济结构与环境协调状况的综合评价 [J]. 中国人口·资源与环境，2003，13 (3).
[7] 陈西蕊. 基于距离协调度的区域社会经济与环境协调发展动态评价——以陕西省为例 [J]. 西安文理学院学报（自然科学版），2013，16 (1).
[8] 陈志，张振，孙志国. 湖北省经济与环境协调发展的测度 [J]. 统计与决策，2009 (11).
[9] 褚岗，王玉梅，来佑花. 山东省社会经济与生态环境协调发展的综合分析与评价 [J]. 鲁东大学学报（自然科学版），2008，24 (2).
[10] 邓林. 四川省绿色 GDP 核算模型构建及其应用 [J]. 理论与改革，2009 (3).
[11] 邓玲. 大保护促进大发展 [N]. 人民日报，2016－07－18 (007).
[12] 邓玲. 长江上游经济带建设中存在的区域性问题及对策研究 [J]. 管理世界，2002 (1).
[13] 邓玲. 长江上游生态屏障及其建设体系 [J]. 经济学家，2002 (6).
[14] 丁焕峰，李佩仪. 中国区域污染影响因素：基于 EKC 曲线的面板数据分析 [J]. 中国人口资源与环境，2010 (10).
[15] 丁任重. 经济增长：资源环境和极限问题的理论争论与人类面临的选择 [J]. 经济学家，2005 (4).
[16] 董峰. 可持续发展和环境保护问题与建议 [J]. 企业导报，2013 (10).
[17] 方创琳. 区域经济与环境协调发展的综合决策研究 [J]. 地球科学进展，2000 (6).
[18] 冯薇. 产业集聚与循环经济互动关系研究 [J]. 中国人口·资源与环境，2008，18 (4).

[19] 付实. 中国未来经济增长第五极——川渝地区优劣势分析 [J]. 西部论丛，2006 (1).

[20] 盖凯程. 生态环境与经济协调发展的政治经济学分析 [J]. 2012 (2).

[21] 盖美，赵丽玲. 辽宁沿海经济带经济与海洋环境协调发展研究 [J]. 资源科学，2012，34 (9).

[22] 葛成军，等. 海南省经济—资源—环境协调发展探析 [J]. 生态经济，2012 (11).

[23] 韩瑞玲，等. 沈阳经济区与环境系统动态协调协调演化 [J]. 应用生态学报，2011 (10).

[24] 韩秀茹，何跃君. 西宁市人居环境水平与经济协调发展量化关系研究 [J]. 国土与自然资源研究，2014 (2).

[25] 胡彪，等. 生态文明视域下天津市经济—资源—环境协调发展研究 [J]. 干旱区资源与环境，2015 (11).

[26] 胡江霞，文传浩，兰秀娟. 重庆市经济与环境协调发展策略研究 [J]. 生态经济，2015 (12).

[27] 黄爱宝. 当代中国生态政治发展的动力资源 [J]. 南京林业大学学报，2012 (3).

[28] 黄秉杰，乔璐. 黄河三角洲中心城市生态环境与经济发展协调度研究——以东营市为例 [J]. 河南科学，2012，30 (8).

[29] 黄娟，贺青春，高凌云. 绿色消费：我国实现绿色发展的引擎——十六大以来中国共产党关于绿色消费的重要论述 [J]. 毛泽东思想研究，2011 (7).

[30] 黄勤，林鑫. 长江经济带建设的指标体系与发展类型测度 [J]. 改革，2015 (12).

[31] 黄速建，余普. 资源与环境约束下的浙江经济增长 [J]. 经济管理，2006 (20).

[32] 黄一绥. 福州市环境与经济协调发展度评价与分析 [J]. 环境科学与管理，2008，33 (12).

[33] 贾凤伶，刘应宗. 节水评价指标体系构建及对策研究 [J]. 干旱区资源与环境，2011 (6).

[34] 江红莉，何建敏. 区域经济与生态环境系统动态耦合协调发展研究——基于江苏省的数据 [J]. 软科学，2010，24 (3).

[35] 姜文仙. 广东省区域经济协调发展的效应评价 [J]. 发展研究，2013 (5).

[36] 蒋文强，何振兴，吴采莲. 宜兴："产业、城市、生态"互动率先在宁杭城市带崛起 [J]. 长三角，2011 (11).

[37] 蒋小平. 城市经济与生态环境协调发展评价指标体系的构建研究——以郑州市为例 [J]. 中州大学学报，2012 (2).

[38] 蒋玉玲. 论徐州生态文明社会监管机制的构建 [J]. 辽宁经济管理干部学院学报，2015 (12).

[39] 李达，王春晓. 我国经济增长与大气污染物排放的关系——基于分省面板数据的经验研究 [J]. 财经科学，2007 (2).

[40] 李桂荣，矿区生态环境与经济协调发展评价方法与对策 [J]. 大连轻工业学院学报，2002，21 (2).

[41] 李华，申稳稳，俞书伟. 关于山东经济发展与人口—资源—环境协调度的评价 [J]. 东岳论丛，2008，29 (3).

[42] 李慧. 推进四川生态文明建设研究 [J]. 四川行政学院学报，2012 (4).

[43] 李茜，张建辉，罗海江，等. 区域环境质量综合评价指标体系的构建及实证研究 [J]. 中国环境监测，2013，29 (3).

[44] 李苒，曹明明. 县域生态环境与经济协调发展的时空演替分析 [J]. 人文地理，2014 (5).

[45] 李胜芬，刘斐. 资源环境与社会经济协调发展探析 [J]. 地域研究与开发，2002，21 (1).

[46] 李艳丽. 环境产业竞争力的国际比较 [J]. 中国经贸导刊，2004 (22).

[47] 李宗植，吕立志. 资源环境对长三角地区社会经济发展的约束 [J]. 经济经纬，2004 (4).

[48] 廖重斌. 环境与经济协调发展的定量评价及其分类体系 [J]. 热带地理，1999 (6).

[49] 林凌，刘世庆. 川渝地区发展战略思考. 西南金融 [J]. 2006

(1).
[50] 刘登娟，黄勤. 环境经济政策系统性与我国生态文明制度构建 [J]. 国外社会科学，2013 (3).
[51] 刘登娟，黄勤. 瑞典环境经济手段经验借鉴及对中国生态文明制度建设的启示 [J]. 华东经济管理，2013 (5).
[52] 刘思华，方时姣，刘江宜. 经济与环境全球化融合发展问题探讨 [J]. 陕西师范大学学报（哲学社会科学版），2005，34 (2).
[53] 刘文新，张平宇，马延吉. 资源型城市产业结构演变的环境效应研究 [J]. 干旱区资源与环境，2007，21 (2).
[54] 刘希宋，李果. 工业结构与环境影响关系的多维标度分析：兼析哈尔滨市工业结构的优化升级 [J]. 经济与管理，2005，19 (10).
[55] 刘燕，潘杨，陈刚. 经济开放条件下的经济增长与环境质量——基于中国省级面板数据的经验分析 [J]. 上海财经大学学报，2006 (6).
[56] 罗岚，邓玲. 我国各省环境库兹涅茨曲线地区分布研究 [J]. 统计与决策，2012 (10).
[57] 吕彬，杨建新. 生态效率方法研究进展与应用 [J]. 生态学报，2006，26 (11).
[58] 吕淑萍. 促进经济与环境协调发展的基本战略 [J]. 上海环境科学，1996 (1).
[59] 孟昭岩，苑晓阳. 河北省环境与经济协调发展的实证分析 [J]. 山东省农业管理干部学院学报，2012，29 (3).
[60] 彭建，等. 区域产业结构变化及其生态环境效应：以云南省丽江市为例 [J]. 地理学报，2005，60 (5).
[61] 彭培鑫，彭昆. 生态文明视角下徐州市经济—资源—环境协调发展研究 [J]. 江苏建筑职业技术学院院报，2016，16 (4).
[62] 任勇. 环境与经济关系的演进 [J]. 环境保护，2007 (11A).
[63] 闪峰. 资源强外部约束情况下的中国工业化道路选择 [J]. 中国经贸导刊，2008 (20).
[64] 宋春梅. 中国工业经济增长与环境协调发展的有效途径 [J]. 企

业经济，2009 (5).
[65] 宋娇娇，等. 环境政策工具的演化规律及其对我国的启示 [J]. 湖北社会科学，2011 (5).
[66] 宋敏，刘学敏. 西北地区能源—环境—经济可持续发展预警研究 [J]. 中国人口·资源与环境，2012，22 (5).
[67] 宋敏，苏永乐. 陕西能源环境经济系统可持续发展评估研究 [J]. 西安财经学院学报，2012，25 (5).
[68] 苏萌，刘洋. 青岛高新区与青岛市经济发展协调度研究 [J]. 全国商情：经济理论研究，2013 (15).
[69] 田大庆，王奇，叶文虎. 三生共赢：可持续发展的根本目标和行为准则 [J]. 中国人口资源与环境. 2004 (2).
[70] 童玉芬，刘长安. 北京市人口、经济和环境关系的协调度评价 [J]. 人口与发展，2013，19 (1).
[71] 王国印. 实现经济与环境协调发展的路径选择——关于我国经济与环境协调发展的理论与对策研究 [J]. 自然辩证法研究，2010 (4).
[72] 王西琴，等. 成都平原城市群经济社会和资源环境协调发展评价 [J]. 生态经济，2009 (2).
[73] 吴玉鸣，张燕. 中国区域经济增长与环境的耦合协调发展研究 [J]. 资源科学，2008 (1).
[74] 席俊杰，吴中，马淑萍. 从传统生产到绿色制造及循环经济 [J]. 中国科技坛，2005 (9).
[75] 许旭，金凤君，刘鹤. 产业发展的资源环境效率研究进展 [J]. 地理科学研究，2010 (12).
[76] 杨桂山，徐昔保，李平星. 长江经济带绿色生态廊道建设研究 [J]. 地理科学进展，2015 (11).
[77] 杨士弘，廖重斌. 关于环境与经济协调发展研究方法的探讨 [J]. 广东环境监测，1992 (4).
[78] 杨涛，杨丽琼. 资源环境与经济协调发展模式及保障机制探讨——基于建设资源节约型、环境友好型社会的思考 [J]. 华商，2008 (11).

[79] 于进川，邓玲．政府竞争困境对生态文明区域实现的制约与破解[J]．求索，2009 (8).
[80] 袁志刚，范剑勇．1978年以来中国的工业化进程及其地区差异分析 [J]．管理世界，2003 (7).
[81] 岳媛媛，苏敬勤．生态效率：国外的实践与我国的对策 [J]．科学研究，2004，22 (2).
[82] 翟青．走中国特色环境保护道路，实现环境保护与经济社会协调发展 [J]．环境保护，2010 (1).
[83] 张静，王影．青岛市人居环境与经济协调发展 [J]．青岛职业技术学院学报，2016，29 (3).
[84] 张荣天，焦华富．泛长江三角洲地区经济发展与生态环境耦合协调关系分析 [J]．长江流域资源与环境，2015 (5).
[85] 张少兵，王雅鹏．现代农业发展对环境的影响与我国的对策 [J]．农业现代化研究，2008 (3).
[86] 张正勇．城市人居环境与经济发展协调度评价研究 [J]．干旱区资源与环境，2011，25 (7).
[87] 赵雪雁．甘肃省产业空间结构及其生态效应分析 [J]．干旱区资源与环境，2007，21 (6).
[88] 赵雪雁．甘肃省产业转型及其生态环境效应研究 [J]．地域研究与开发，2007 (2).
[89] 周宏春．“十二五”经济与资源环境协调发展态势 [J]．理论视野，2010 (8).
[90] 诸大建，邱寿丰．生态效率是循环经济的合适测度 [J]．中国人口·资源与环境，2006，16 (5).

四、其他文献

[1] Clos J. Keynote speech in International Symposium on Science of Human Settlements [R]. International Symposium on Science of Human Settlements. Beijing，2011.
[2] Swedish Environmental Protection Agency and Swedish Energy Agency.

Economic Instruments in Environmental Policy [R]. Sweden: Swedish Environmental Protection Agency and Swedish Energy Agency, 2007.

[3] Swedish Ministry of the Environment. Sweden's Environmental Policy [R]. Sweden: Swedish Ministry of the Environment, 2004.

[4] The Swedish Environmental Objectives—Interim Targets and Action Strategies [R]. Sweden: Swedish Ministry of the Environment, 2001.

[5] 陈光荣. 生态文明建设是政府、企业与公民的共同责任 [N]. 人民网, http://news. china. com. cn /rollnews /2012－01/18/content_12329262. htm.

[6] 邓玲. 大力推进生态文明建设 [N]. 贵阳日报, 2012－11－27 (007).

[7] 邓玲. 努力探索中国特色生态文明发展道路 [N]. 中国社会科学报, 2012－03－21 (B04).

[8] 邓玲. 探索生态文明建设的“融入”路径 [N]. 中国建设报, 2013－1－31 (003).

[9] 国家发展改革委. 川渝地区区域规划 [Z]. 2011.

[10] 国家环保总局, 国家统计局. 中国绿色国民经济核算研究报告 2004 [R]. 2004.

[11] 国家统计局, 环境保护部. 2004—2013 中国环境统计年鉴. 北京: 中国统计出版社, 2004—2013.

[12] 胡锦涛. 坚定不移沿着中国特色社会主义道路前进　为全面建成小康社会而奋斗——在中国共产党第十八次全国代表大会上的报告 [R]. 北京: 人民出版社, 2012.

[13] 环境保护部. “十二五”全国环境保护法规和环境经济政策建设规划 [Z]. 2011.

[15] 潘岳. 细论“环境经济政策” [N]. 北京日报, 2007－09－10 (017).

[16] 四川省人民政府. 四川省“十二五”工业发展规划 [EB/OL]. http://www. doc88. com/p－305515492693. html.

[17] 四川省人民政府. 四川省战略性新兴产业规划 [EB/OL]. http://wenku.baidu.com/view/90f2de4fe45c3b3567ec8ba7.html.

[18] 四川省统计局，国家统计局四川调查总队. 四川省统计年鉴 2004—2016 [Z]. 北京：中国统计出版社，2004—2013.

[19] 薛惠锋. 破解我国结构性污染的环境政策 [N]. 中国环境报，2006-08-25.

[20] 中共中央关于全面深化改革若干重大问题的决定 [EB/OL]. http://wenku.baidu.com /view/48e3e9fc76eeaeaad1f33048.html.

[21] 中华人民共和国国家统计局. 2004—2013 中国统计年鉴. 北京：中国统计出版社，2004—2013.

[22] 重庆市人民政府. 重庆市人民政府关于加快发展战略性新兴产业的意见 [EB/OL]. http://wenku.baidu.com/view/baf6ff350b4c2e3f572763e9.html.

[23] 重庆市人民政府. 重庆市工业转型升级“十二五”规划 [Z]. 2011.

[24] 重庆市统计局，国家统计局重庆调查总队. 2004-2013 重庆统计年鉴 [Z]. 北京：中国统计出版社，2004—2013.

[25] 周生贤. 深入贯彻党的十八大精神 大力推进生态文明建设 努力开创环保工作新局面——周生贤部长在 2013 年全国环境保护工作会议上的讲话 [EB/OL]. http://www.zhb.gov.cn/gkml/hbb/qt/201302/t20130204_245877.htm.

后 记

本书是在我的博士学位论文基础上修改完善而成的。衷心感谢我的导师邓玲教授。在我四年博士求学生涯中，恩师是培养我、塑造我、改变我的重要人生引路人。恩师一生致力于学术科研，拥有敏锐的学术洞察力、孜孜以求的学术精神、严谨的治学态度，一直是我学习的楷模。恩师为我们营造了最好的学习氛围，为我提供了宝贵的出国交流机会；恩师指引我探索一个又一个学术问题；恩师培养了我对学术研究的兴趣，满足了我对经济学知识的渴求，并坚定了我进行学术研究的信心；恩师还有着慈母心，包容我、给予我、惠泽我。恩师的治学之道、为人之道、“做人，做事，做学问”的大智慧将启迪我一生。衷心感谢四川大学经济学院博士后吕一清在本书数据处理中的真知灼见和帮助，衷心感谢成都理工大学管理科学学院硕士研究生罗海林、游孝岭、汪琳琳和本科生黄诗宇为本书数据更新所做的大量基础性工作。

本书的出版得益于多个基金项目的支持。衷心感谢四川省科技厅软科学项目“新中国 70 年四川生态文明政策演进与展望（2020JDR0210）”的资助；衷心感谢四川循环经济研究中心一般项目“长江经济带矿产资源开发利用环境效应评价研究（XHJJ－2008）”的资助；衷心感谢四川矿产资源研究中心一般项目“四川省绿色矿业发展的政策研究（SCKCZY2020－YB007）”的资助；衷心感谢学习贯彻十九届四中全会精神暨公共事件应急治理研究专项“生态文明政策演进逻辑与时代价值研究（XGZ2020－YB016）”的资助；衷心感谢“成都理工大学中青年骨干教师发展资助计划（10912－KYGG2019－04389）”的资助；衷心感谢西部生态文明研究中心一般项目“中国生态文明政策演进与展望（ST2019－YB008）”的资助；衷心感谢四川矿产资源研究中心重点项目“绿色矿产的制度建设与政策工具研究（SCKCZY2018－ZD001)”的资助。衷心感谢四川大学出版社对本书出版的支持和编辑徐凯对本书的校正、编辑和指导。

本书的写作和出版离不开家人对我多年求学生涯和教学科研工作的无条件支持。感谢我的师友黄勤教授的陪伴，是她激励我一路前行；感谢我的家人，是你们一路为我挡风遮雨，对我关怀备至，默默奉献。特别感谢妈妈、爸爸、公公和婆婆，你们花费大量时间和精力替我照顾年幼的儿子，我才能把时间、精力和热情专注于学业和事业。这些都弥足珍贵，我将铭记和珍藏一生。背负你们的期望和爱意，我唯有加倍努力、更加珍惜。

刘登娟

2021年8月于成都